洞庭之心

大通湖水环境修复报告

高汉武◎著

CNS | 湖南人民出版社 · 长沙

目　录

壹

上锁的人没有了钥匙

1

给湖区的雨配备量词时，不能用“场”，更不能用“点”“滴”，应当用“匹”。《说文解字》注：“匹”用于五十尺、一百尺不等的整卷的绸或布。是的，这雨就是一匹一匹下的，翻卷在大通湖12.4万亩的水面上，铺开在大通湖四周数万平方公里的土地上。

大约前天晚上，雨开始下。

前天是初六，白天一个大太阳。老人们能抵半个天气预报，他们抬头看看天，摇摇头，“四六开天不久晴”“初六的太阳是留不住的”。果然，一入夜，雨就不分轻重，“啪啪啪”砸了下来。先“砰”的一声砸在谁的伞上，然后“啪”地落在入夜后只能看到隐隐灯火的湖岸人家的屋顶上，最后，齐刷刷“噼里啪啦”砸到了大湖中的那一片片荷叶上。整整一晚，大湖潮湿得不行，沿湖的人们都被吵得不得安宁。

这一夜，韩敬德整晚没睡，只在天亮时眯了一下眼。

作为大通湖区铭新村的村支部书记，暴雨一来，韩敬德比大多数人更焦虑。不是担心村上养殖户的鱼、虾，或者甲鱼、乌龟被水冲跑，近年来，“还一湖碧水”，全村当退养的都退得差不多了，也不是担心哪家哪户漏雨或塌房，几家贫困户在国家危房改造政策扶持下，都住上了新房。他担心的，是全村四千来亩稻田。这一年，早谷子禾长得正好，刷把子一样黄丝亮秆的。禾苗抽穗扬花后，遇上好天气，只几天，便筷子一样站在稻田里。放眼望去，一丘田一个筷笼，大湖边全是筷笼，劲鼓鼓的稻禾闹个不停，挤个不停，像要挤得村子裂开口子才过瘾。可是，这雨一来，这几千亩稻禾会不

丰收的平畴

会全泡在水里？乡邻们犁耙耕滚、播、育、插、护，一个又一个风吹日晒换来的希望，这即将到手的收成，会不会几天就化为一把死禾、几粒寡扁寡扁的黑谷？

千年农人，望的就是几丘好谷，求的就是雨顺风调。

可是，第二天，雨不停。

第三天，雨仍不停，且越下越大。四面昏天黑地，更不见风。空气愈发潮湿而凝重。村上的低洼处，开始泛白。

“这发哒癫的麻喷子雨！”韩敬德开始骂人，“一根根鞭子一样，这是在抽打大湖，抽打我们作田人咧！”

“根”，也是用来形容湖区的雨的一个量词。

雨还是下。问题前所未有地严重起来。到第三天下午，铭新村几户套养稻虾、稻鱼的池子被水给盖了，鱼、虾跑了个精光。有几丘田被淹了，那些黄丝亮秆的刷把子禾，只能看到水面上垂头丧气的一个个脑壳了。地势最低的几户人家的房屋，地坪开始进水了。村子，眼看在变白。乡邻们受不了啦，一个个往村部跑。

“还不排水，望哒我们淹死呀？！”

“咯样下克，损失了种子、农资不算，一年的口粮都没有了，只能去找镇长吃饭了！”

“这是么子鬼政策咯？！还不许放水？还管不管老百姓死活？！”

吵得最凶的村东那一家，水位一上来，他的上千只鸭子全从小池塘跑出，云游去了。这伙计横夹一根赶鸭子的麻竹竿，直冲进村部院子，一双泥脚蹬得做水桶响：“韩书记，你给我把那些鸭子找回来！我现在是过年恰的鸭子都冇得哒！”

村西那一家的堂客也不示弱：“德老倌，我家的水淹到床脚了，我晚上就搬个枕头……跟你睡了！”

一片闹哄哄中，有人出主意：“不行，这样下去真的不行，我们一起打市长热线，打区长热线，总不能眼巴巴就这样活人被尿憋死呀！”

人越来越多，只一会儿，韩敬德被围在当中，出不去，也不知讲什么好——阶基外，雨声哗哗，依然如瓢泼……

韩敬德在大通湖水环境修复最重要的时间节点，出任铭新村书记。他1968年出生。多年从事特种养殖，主养甲鱼和黄鳝。他好学、技术好，做事踏实、诚信，圈内圈外都有着良好的口碑，鱼池经营非常不错，年获利保持在10多万元。他的收益，引得旁边农户纷纷仿效。他从不保守自己的技术，手把手教，把自己的销售渠道拿来跟村民共享，帮村民去南县、安乡等地购置优质种苗，帮他们把产品销往价格最好的地方，如杭州等地。他的无私举动赢得村民广泛好评，村级调整合并时，他被推选为支部书记。当时，家人并不怎么支持，认为家里的养殖顺风顺水，小日子过得挺滋润，何必来操一个村的心呢。但韩敬德觉得，信任比什么都值钱，于是他当上了这个村支部书记。

现在，这位深受村民信任的村支部书记遇到难题了。

遇到同一个难题的，还有老河口村支部书记李荣华、沙堡洲村支部书记张建清等大通湖东岸的村干部们。老河口村、沙堡洲村与铭新村相邻，同属河坝镇，是大通湖管区离大湖最近的三个村。不止这三个村如此，大通湖的西岸，归属于沅江市的四季红镇、草尾镇，归属于南县的青树嘴镇、乌嘴乡、明山头镇等，其镇领导、村干部们也都面临同一个难题。

这个难题就是：垸内往外排水十万火急，但所有沿湖电排锁闸，严禁往大通湖里排水。

原因只有一个：在当时的情况下，没有办法检测大通湖外周边的积水是否达到入湖的相关标准。就算有检测条件，要百分之百达标的可能性也几乎为零。

同一时段，大通湖区管委会大楼，已经连续几个晚上灯火通明。

指挥部里，中共益阳市委书记瞿海焦虑地踱着步，脸色凝重。他来大通湖，是坐镇在此，指挥、组织——包括监管大通湖垸内各乡镇往大通湖的排放水。接二连三几个晚上没睡好，他看上去疲惫憔悴，灯光映照之下，鬓角的白发更显刺眼。他时而来到窗前，看看窗外如瓢泼盆倒的大雨，时而转身回电子屏前，查看相关数据。围着他的，有益阳市与大通湖区生态、农水、纪检监察部门的负责同志。不一会儿，秘书前来，报告市长热线转来的要求排水的“百姓呼声”。瞿海当然明白，当大通湖四周乡镇的内涝出现，不往大通湖排水，数万亩粮田怎么保？老百姓的生计怎么保？但是，保得了粮田，保得了生计，谁又来保证大湖水质？！污染了那一湖水也是万万不行的呀！再说，大通湖自身水位也正处在高位……

1966年出生的瞿海，2016年底出任中共益阳市委书记。瞿海记得很清楚，那一天，他人还没到益阳，在前来履职的路上，就接到一个电话。电话是原省委机关一位同事、现省委巡视组一位领导打来的，提醒他来益阳后，一定要重视生态问题，特别是其中两个问题：一是桃江县的“石煤矿”，二是大通湖的“水”。

瞿海籍贯沅陵，沅水边长大，多年寒窗，终于考学而沿沅江走向比沅陵更大的世界。然而，在水边长大，又经江河走出，谁能说就熟悉“水”的品性、“湖”的脾气？有哲人曾言：“喧哗人世，亲水者有之，爱水者有之，恨水者亦有之——懂水者，又有几个？懂‘湖’的，又有几人？无论仁者，智者……”放下电话，瞿海突然想起了这段话。他发现，自己走过山山水水甚至可以说走过了千山万水，但这些走过的地方，还很难说包括了湖泊……

瞿海的眉头又一次锁紧了，再次感受到肩上沉甸甸的。

能不眉头紧锁，肩上沉甸甸吗？

“绿水青山”已成一个国度的宏大叙事，而有“洞庭之心”之称的大通湖，无论是在益阳、在湖南还是在长江经济带上，都是一个极其重要的湖泊啊！

从天空鸟瞰，洞庭是一个巨大的“心”字，12.4万亩的大通湖，恰是“心”中的点，于是，人们把湖南最大的内陆淡水湖、有“三湘第一湖”之称的大通湖，称为“洞庭之心”。

时光之舟，一身湿漉，穿越雾气蒙蒙的江南。2005年8月，时任浙江省委书记习近平来到浙江安吉余村，伫立天目山下、天荒坪前。这一天，“绿水青山就是金山银山”这一重要理念被首次提出。2016年1月5日，在推动长江经济带发展重庆座谈会上，习近平总书记指出，推动长江经济带发展必须坚持生态优先、绿色发展的战略定位。他深情地说，长江是中华民族的母亲河，也是中华民族发展的重要支撑。推动长江经济带发展必须从中华民族长远利益考虑。要把修复长江生态环境摆在压倒性位置，共抓大保护、不搞大开发，努力把长江经济带建设成为生态更优美、交通更顺畅、经济更协调、市场更统一、机制更科学的黄金经济带，探索出一条生态优先、绿色发展新路子。于是，“共抓大保护，不搞大开发”“生态优先、绿色发展”这些话，斩钉截铁，落地有声，磐石般成为一个国度的守则、一个时代的铁律。2018年4月，在深入推动长江经济带发展武汉座谈会上，习近平总书记再次强调“共抓大保护、不搞大开发”。在长江经济带保护与发展的大局中，湖南地处中游，位置重要。习近平总书记一直关注着湖南，关注着洞庭湖。2018年4月25日，他乘船来到岳阳，殷殷嘱托要“守护好一江碧水”。

岳阳西南望，茫茫洞庭之间有一座农垦小城，这就是大通湖区。城依湖命名，湖叫大通湖，也叫大湖。

初心在此，职责在此。湖南方面，没有丝毫懈怠——

2016年4月22日至26日，一艘船接连几天穿行在湘江、资水下游，大通湖与洞庭湖之间。船头站着的，是时任湖南省委、省政府主要领导，及随行的环保、水利等相关重要部门负责人。此行目的，是了解大江大湖的水质变化、总结本省湘江“一号工程”的成功经验，研讨三湘大地的“一湖四水”治理如何继续破题。他们中的每一个，都非常深刻地认识到，在一个民族的复兴路上，在无限古老又无比青春的中国，“生态”正被提到前所未有的高度。三年之后，2019年10月，时任中共湖南省委主要领导再次登舟进湖，专题调研洞庭湖区生态文明建设和环境保护治理情况。2020年初湖南“两会”上，当人们热议大通湖水环境修复时，省委主要领导来到益阳代表团听取意见。2020年11月，新任湖南省委主要领导市州调研的第一站，选在益阳，并在益阳召开座谈会，强调要坚决贯彻落实习近平总书记在全面推动长江经济带发展座谈会上的重要讲话精神，始终牢记“守护好一江碧水”的殷殷嘱托，坚定不移走生态优先、绿色发展的路子，在推动中部地区崛起和长江经济带发展中彰显新担当。2021年1月27日上午，湖南省十三届人大会期间，省委主要领导参加了益阳代表团审议，提出洞庭湖区发展的“底层逻辑”：“坚定不移走生态优先、绿色发展之路，真正把‘守护好一江碧水’的政治责任落到实处。”6个月后，新任湖南省长赴洞庭，来到大通湖，强调要“不负‘守护好一江碧水’殷殷嘱托，统筹抓好发展与安全两件大事，全面培塑产业发展新优势，以最好的状态、最实的举措，实现生态安全与经济发展‘美美与共’”。

现在的问题是，一边是“生态”，一边是“民生”，这两个原本并不对立、终极意义完全一致的方面，当下却以如此对立的形式呈现于同一时空。这是瞿海以及大通湖上下共同面对的一个艰难的选择题。

这种对立，看似发生在“放水”与“控排”双方，但其本质却是“放”“控”双方在与同一个对象角力。即，人与自然的对峙。

人类一直在与自然对峙，甚至“愚蠢到想要控制她——而且，总是那么雄心勃勃，自信满满”，“却并不想一想，面对洪水、火山、泥石流……我们站在哪里？”（约翰·麦克菲《控制自然》）。

大通湖，原本有着她自然的面容，“我们本可以一直与她友好地相处下去，如果不是我们一直试图蚕食她，控制她，利用她，改变她”。一位生态学者分析：“现在这种状况的出现，是我们不停地给她上锁，最终自己却丢了钥匙。”

2

“如同一块光亮亮的绿绸缎，几十年来，被人今天抽去几根丝，明天剪去一个角，七抽八剪，搞成了只有原来1/5大的一个三角形；也好比一片大桑叶，被人类东一口西一口，蚕食成了你现在所看到的样子……”

在大通湖区原区委招待所现在叫通盛花园酒店的一个小房间里，文章华这样开始讲述他对大湖的回忆。

桌椅破旧。房间墙壁底色深红，点缀些白色碎花，光线从西向的窗外斜射进来，尘灰在光束中晃动。目光越过窗户，能看到一道大堤。

大堤南北走向，北起南县明山头镇，南至大通湖城区，长达30公里。堤内是胡子口河，河内有水，但不流动，是一河死水。死水河被湖区人称为“哑河”——也不知哪位高人，给出了这样一个形象的称谓。过去的胡子口河本是不“哑”的，20世纪60年代还潮声浪声不息，樯林橹影不歇。沅水下来的船只，经过此河，横可入沅江漉湖，直可入洞庭，至长江，漂洋过海……后来，明山头那头有人填河建楼，大通湖城区这头也有人划河而居。一点一点地，人进水退，河的两头就给堵上了，于是，河便“哑”了。

房间门外，就是大厅。烟雾中，十来张桌上围坐着四五十号人，劳作之余的渔乡人，在玩一种叫“跑胡子”的纸牌，借此冲淡一天的辛劳。尖叫声、叹息声此起彼伏。几无例外，由于湖风长年的吹打，他们的脸面看上去有些粗糙，他们的身上，刻着大湖的痕迹。

文章华就是他们当中的一个。

“宁乡一担粪长不出一个碗大的南瓜，这里的土地不施粪，南瓜也长脚盆大。这话，是我父亲对我母亲讲的。”文章华说，“这里，指的就是大通湖。”

“1954 年，我 4 岁，大通湖涨了大水，我母亲怕了，她想回老家宁乡流沙河去，我父亲便这样对她讲‘脚盆大的南瓜’。能长脚盆大南瓜的大通湖，太诱人了。后来，我们留下来了。这一留，就到现在。我在这里生根发芽，繁衍出两代人，自己也从一个小孩，到当爷爷了。”

文章华是大通湖一中的退休教师。

生长在大通湖，曾参与湖南农垦博物馆（在建）的筹建，退休后痴心农垦文化，写出长篇纪实文学《农垦春秋》，这位年过七旬的老人，比许多人更熟悉大通湖。

“当时我们去外地要坐船。没开垦的地方长荷花、高笋、香蒲草。到了秋天，雁鹜成千上万地飞过，黑压压的一片。拖拉机犁土后，乌鸦跟在机器后面找虫子吃。

“记得我们四分场四队木工龙师傅，他有一支鸟铳，每次出去打猎，猫头鹰、兔子、野鸡、斑鸠等一打就是一背篓。渔场有一个捕野鸭的专业队，他们一天可以打上百只——那时候大家没有保护意识，没有禁捕禁渔。鱼就更多了，我上初中时，食堂里开饭有一二十桌，抓到了大鱼，一条鱼能供我们所有学生吃一餐。家里做饭时，常是锅洗后，再到外面去随手抓条鱼来当菜。更有意思的是那一年农场围湖造田，农场职工们铺芦苇打地铺睡，睡到半夜，忽然感觉到身子下面有异动，揭开芦苇一看，竟然是几条财鱼（乌鳢）在动，人体的温度孵醒了它们。”

在《农垦春秋》里，文章华还描述了更早的、他的爷爷奶奶那个时代的大通湖：

> 大自然造就了北洲子的沼泽地，没有经验的人走进芦苇深处就像走进原始森林。四月，嫩绿开始覆盖如波涛般起伏的湖乡大地。一片绿之中，油菜花黄灿灿的，紫云英红彤彤的，蝴蝶、蜜蜂在花丛中忙碌不止。爷爷奶奶和其他来大通湖的拓荒者们，就在芦苇滩头的高处，搭人字茅棚，比邻而居，日出而耕，日落而息……

湖区的志书，也佐证了文章华对美好生态的回忆。

《洞庭近代变迁史话》载：

> 20世纪初长达几十年的时间内，每年的10月6日左右，雁阵准时来湖栖息，次年3月18日左右，雁阵回飞。

> 1963年4月下旬，数百人曾看到大通湖中江豚迎水盛况。三五只一组，约1000只，溯水流而

> 上。有时入水，有时昂头，场面甚为壮观。

《湖区民国史料纂》记述：

> 民国三十四年（1945），发桃花水时节，漉湖张黑人在福寿垸大堤用罾扳鱼，见一大群鱼从罾面游过，散游面积达10亩。张不敢起罾。过了好长时间，张黑人扣稳罾，再舀鱼，一罾共扳鱼20担左右。

“担”为当时的计量单位，“一担”为100斤，就是说，张黑人这一罾所扳的鱼有一吨左右。

“芦苇如林，方圆百里，翠绿成荫。”“每逢晴好之日，白鹤飞来，群集苇丛间……白鹤汇集时，鹤翅白了蓝天，鹤蛋壳白了地面。”“整个湖区都是水井，我们渴了，随时随处捧湖水喝。到了夏日，整个湖区都是一个澡堂，田里回来的男人几乎都在外淋浴，小孩子们更是整日泡在水中，享受大自然的宠爱。”湖区志或一本又一本回忆录中，频繁出现的，是这类文字。

“大通湖内水草繁茂，水质肥沃，营养丰富，适合水生生物繁殖和生长”，上起1956年下至1996年的《大通湖渔场志》对其生态资源做出记载：

> 一、鱼类：常见的鱼类在70年代（注：20世纪。下同）前约65种。场内主要鱼类为青、草、鲢、鳙等。到70年代后期，场内水体基本上与洞庭湖隔绝，外湖、外江鱼源不能贯江而入，鱼的

品种逐步减少。二、浮游生物：浮游植物每升达178万个，浮游动物每升达2930个。湖泊浮游生物的原初生产力为每亩20公斤以上。三、水生高等植物：种类繁多。浮叶植物有满江红、紫萍、莲等。浮水植物有黑藻、苦草等。挺水植物有茭白、菖蒲、三菱草等。其中，莲、茭白、菱为重要经济植物。四、螺、蚌类：大湖底栖动物年产量约每亩69.24公斤。其中蚌类15种，年产量约亩平42.6公斤。螺类11种，年产量亩平21.5公斤。螺、蚌富含蛋白质，肉味鲜美。五、龟、鳖：大湖年产鳖达20吨。六、水禽：主要有野鸭、鸿雁、鹳（鱼燕子）等。50年代，湖场水草繁茂，湖滩、岸地宽广，且有芦苇丛生，适宜水禽栖息。傍晚飞行时成千上万，遮空蔽日。

如果这样的表述枯燥乏味的话，我们再来看看南县已故作家曹旦昇先生在《白吟浪》中描述的湖区风情——

站在最后一条船上和元子号一起扶艄的许青山心情格外的好。风平浪静，晴空万里，天穹辽阔深远。蓝天碧水，白帆点点。极目远眺，无边无际的湖面万物宁静。分不清天边的到底是白云还是绢纱，是沙鸥还是浪花。

太阳往西斜，船往天边走。退水后的洞庭露出了隐藏整整一个夏天的沙洲。远远近近，绿洲点点。虽然是秋来了，但荒洲上的秋草依然嫩绿如茵。整个湖面像撒落了颗颗绿宝石。成群的白鹭和天鹅就栖息在这翡翠之上，整个南洞庭安宁而静谧。

当年，许青山父母相拥那一刻：

远处是幢幢的树影，近处是昆虫的呻吟。头上是如水的月光，地下是如玉的美人。整个桐籽坡全融进了溶溶的月光之中。父亲想，这都是闯洞庭闯出来的幸福，从今夜以后，死在洞庭湖也值了。

当五月小端阳过后，禾苗开始壮苞抽穗时，湖洲之上，一幅人和自然合二为一的画面又是多么动人——

早禾已经齐胯深了。青青的禾秆像水边的芦筒草一样粗。夜雨歇了，夏菊秋坐在水车棚的檐下对许青山说：东家，你听……

许青山侧耳细听，除了昆虫和青蛙的鸣唱之外，还有一种声音，是早禾拔节的嘎嘎声。

……

禾，开始壮苞了。

开始壮苞的禾，中节露出一圈浅浅的银灰色绒毛。宽宽的叶子拥戴着一炷玉烛，肥如散子前的鱼腹。饱满丰腴地微笑在温和的阳光里。顶端，肥硕的顶端，那翠绿的衣裙终于裹不住她的喜悦。

> 终于，禾衣被撑破了……
>
> 禾，吐穗了！
>
> 第一株，衣裙裹不住喜悦而撑破了露出脸来的早禾，满脸羞涩地偷偷打量着周围的同伴们，发现整个世界已经骚动起来了，不少同伴完全挣脱了禾衣的羁绊，赤裸裸地钻了出来。于是便不管不顾大胆地扯落裙裾，掀掉盖头，欢快于微风之中，仰腮于阳光下。抬眼望去，早禾田里一线一线的禾穗就脱颖而出了。

《白吟浪》尽情描述了洞庭湖的垦殖变迁和乡村生活，被誉为洞庭的“拓荒史、风景画、风物志”。著名作家王跃文先生读后，感慨“依旧是生活原色”，“他笔下的洞庭湖能叫万物毁灭，又叫万物重生”。

曹旦昇，南县中鱼口人，疏河边长大。一条长约60里的疏河，承载着湖区的垦殖文明。“长堤春望”“夏雨荷喧”“柳荫垂钓”“渔舟唱晚”，曾是一代又一代长在疏河边人们的美好记忆。历史上的疏河起于南县花甲湖，经黄金桥、鹿角嘴，于万元桥至三仙湖镇出水，连沱江。沱江往东十来公里，就是大通湖了。疏河，就是一根连通大通湖与洞庭湖广袤湖野的纽带。曹旦昇笔下的疏河两岸风光，可以说，再现了大通湖曾经的良好生态……

50 年后。

直到这一天……

如果没有那一纸数据，像一粒沙尘扎着眼睛，像一根鱼刺卡在喉咙，益阳市水文局的几位技术人员都会觉得，这又是美好的一天。

这是2015年的9月，湘中偏北的益阳城，秋高气爽，风和日丽。被誉为“银城”的益阳城喧哗而平静。湖南东西走向最大、最长的山——雪峰山逶迤而来，资江上的风不紧不慢，轻拂着这座城。坐在水文局的检测室里，隔着玻璃，技术员们都能感受到这种温润。试管里，有水在轻轻摇荡。虽说只浅浅几管，但他们都知道，里面装的是一个湖泊，是益阳人念之切切的大通湖。甚至，从轻轻的摇荡中，他们听到了来自大通湖12.4万亩水面的浪潮声，感受到了扑面而来湿漉漉的、甜又带腥的水汽……

就在前几天，年轻的技术员们乘着车，奔驰在大通湖畔。太阳朗照，大湖四周一片葱茏，稻禾连片，在风中翻卷着绿浪。众多的鱼塘、虾池点缀其间，像顽皮的小孩拿着镜子在绿荫下嬉戏。荷叶田田，虽已没有了六月的别样红，但清香未减，绿意更浓。乡亲们的小楼黛瓦粉墙，屋檐搁在一排排水杉或翠柳上。楼前塘边或坪中，停泊着小渔舟，也停着小型轿车。“湖乡我都不认识了呢，变了咧，变得我每来一次，都觉得陌生……”他们当中，有一位是从这片土地上走出去的，看着家乡，他发出这样的感叹。

然而，当他们弃车上船，行驶在大通湖中时，一泓湖水却让一行人良好的感觉立马打了折扣：怎么？这是曾经的“良好湖泊”大通湖吗？怎么颜色变了呢？

到相关点位采样取水时，他们的眉头锁得更紧了：情况有些不对，这水，有问题，而且，有严重的问题。

“不，不会。应当还不至于出现我们最不想看到的结果。”

“是的。我想，不会。”

一阵沉默之后，大家否定起自己的直觉来。

良善的心，有对山河的挚爱。谁都不愿担忧成为现实。

回到市里，他们立即走进检测室。这一天，当一个个数据呈现出来，技术员们的脸色渐渐凝重起来。当第一次结果出来后，大家相视一眼，都不作声，再度提取相关材料，对各自的数据进行检测和复核。检测室里一片寂静，能听到的，是时钟“嘀嗒”“嘀嗒”的响声和液体碰撞器皿壁的声音……

数据一个个出来了——

大家的担忧成为现实。溶解氧饱和率、高锰酸盐指数、氨氮、总磷……每一个指标，都了无温度，冰冷成凌，刺手又凉心。特别是总磷一项，让所有人深感不安。

我国地表水水质分为5类——Ⅰ类到Ⅴ类。5类水中，Ⅰ类主要适用于源头水、国家自然保护区；Ⅱ类主要适用于集中式生活饮用水地表水源地一级保护区、珍稀水生生物栖息地、鱼虾类产卵场、仔稚幼鱼索饵场；Ⅲ类主要适用于集中式生活饮用水地表水源地二级保护区、鱼虾类越冬场、洄游通道、水产养殖区等渔业水域及游泳区；Ⅳ类主要适用于一般工业用水区及人体非直接接触的娱乐用水区；Ⅴ类主要适用于农业用水区及一般景观要求水域。其判定标准有24个指标，并按最差的指标类别来认定水质类别。最主要的看4个指标：溶解氧饱和率、高锰酸盐指数、氨氮、总磷。比如，Ⅰ类水的指标为：溶解氧饱和率≥7.5毫克/升，高锰酸盐指数 ≤2毫克/升，氨氮≤0.15毫克/升，总磷≤0.02毫克/升。如果只看氨氮、总磷的指标，当氨氮>2毫克/升、总磷>0.4毫克/升时，这就是Ⅴ类水。当4个指标之溶解氧饱和率< 2毫克/升、高锰酸盐指数> 15毫克/升、氨氮> 2毫克/升、总磷> 0.4毫克/升，就是劣Ⅴ类水了。

现在，数据显示，大通湖水的总磷量已经大于0.4毫克/升。

就是说，大通湖水质，已沦为劣Ⅴ类！

这是一个冰冷而沉重的结论。

数据迅速上报。

紧接着，益阳市环境监测站再次对大通湖水质进行监测核实，所得到的，是同样的“劣Ⅴ类”结论。其具体的表述是：依据国家《地表水环境质量标准》（GB3838-2002），大通湖水体富营养化，生物多样性低，水生态功能脆弱，湖体国控断面水质总磷指标超标2.66—6.72倍。

不久，国家对大通湖进行地表水质监测，确认其水质为“劣Ⅴ类”，“主要污染物为总磷、总氮因子，比Ⅲ类水质标准值高出3—6倍”。

事情非同小可，十万火急，湖南省时任环保厅领导率有关处室负责人一行 5 人来到大通湖，对水质进行实地查验。随后，中央生态环保督察组也来了。实地考察后，他们对大通湖水环境污染问题点名批评。

大湖告急！大通湖告急！

3

这一天，拿到大湖水质沦为劣Ⅴ类的报告，何军田心一沉。

何军田时任大通湖区委书记。

与瞿海一样，何军田也是水边长大的孩子，也通过考学走出农家。与瞿海不同，瞿海江边长大，何军田洞庭湖边长大——益阳资阳区民主垸是他的出生地。

民主垸东南与资水相接，北临万子湖，西临甘溪港河，四面环水，系洞庭湖24个重点蓄洪垸之一，为常年饱受水患之地。1999年7月23日，该垸历史上曾两次溃堤的中洲堤段再次发生特大管涌溃决，民主垸顿成汪洋泽国。7月24日，正在长江抗洪现场的时任国务院总理朱镕基惊闻此讯，立即驱车前来察看灾情，指导救灾。

也不知为什么，读着报告，何军田眼前闪现的，是小时候洞庭水涨、洪水来临之际的场景：父母紧张焦虑，自己不敢上堤，不知道站在哪里为好……那水真是太大太大了，平时心平气和的洞庭，涨水时满目浑黄，风翻卷，浪汹涌，一层层盖过来。水这么大，人站哪里呢？他一遍遍问父母，问自己。

是啊，水这么大，人站哪里呢？总是等到水发脾气时，人们才这样问自己。洪水来时，人类无处可站，选择退让；洪水退后，人们又自然不会放过湖洲“插根扁担三天就能发芽”的沃土，于是，故伎重演，以“进”来收复“失地”——还借电视呀、广播呀等媒介，自豪地宣告：我们又站在这里！这种进退，角力，吞噬与反吞噬，毁灭或重生，人与水之间已演绎千年。这种对抗，有时能造成人类梦寐以求的“繁华”，更多的，带来的却是疼痛。

这一点，水边长大的何军田理解更为深刻。

问题是：现在当怎么办？

“当时，我确实茫然，可以说是束手无策。我和区长胡国文，都是新调任大通湖，时间还不足10天。我们马不停蹄地跑各镇、办事处、渔场，探脉这个我们还陌生的渔城。我们看到了它日新月异的变化，比如小城面貌的改变，人居环境、出行条件的改变，也看到了它的许多问题。我们看到了它的生态破坏，但我们万万没有想到，大通湖水质会成为劣Ⅴ类。劣Ⅴ类是什么概念？几乎是一湖臭水呀！”

在赴任益阳市人民政府副市长之前，在大通湖区委办公室里，何军田回想起当时的一幕，仍显得十分激动。

“后来，电话来了。是省里面约谈的电话。我和胡国文迅速赶往长沙。我们看到，到场的是省委、省政府及省相关部门领导，益阳市主要领导也在约谈会现场。我想，看来这问题确非小可。在听取大通湖相关情况介绍，再对水质报告一一分析后，省领导说了一句话：同志们，情况严峻，这是国之托，民之需，也是己之责，我们万万不能掉以轻心，得以壮士断腕之决绝，誓还一湖碧水。这次约谈会，从头到尾，省领导的脸色都很凝重。”

“是的。四个字，脸色凝重。”说到这里，何军田停顿了一下，望向窗外。

窗外，是大通湖城区并不喧嚣的车马、万户烟火人家。广袤的湘北天空，一片空旷。有光射进办公室，落在何军田鬓角的白发上。

“那么，我们该怎么办？一场生态风暴显然即将到来，我们得站在哪里？又当以什么样的形象站立？因为，这是国之托、民之需、己之责啊！”

何军田继续回忆。

“会后，从长沙返益阳。一路上，绿树红花，青山绿水，小楼连排连片从车窗外闪过，但我和胡国文根本无心观景。我和他的话题，句句还是落在大通湖上。我们说，就在 2012 年，大通湖区还申报了一个国家项目，对大通湖周边进行了相关治污，做了些建设污水处理厂和铺设污水管网之类的工作。现在情况怎么会这么糟糕？下一步，该怎么走？这么大一片湖，这么深的水，从哪里入手？采用什么样的方案？哪个方案最科学？需要多少投入才能还它的蔚蓝以及清亮？”

是难题，甚至可以说是一个“哑题”。

那种胡子口河似的“哑”。

数据冰冷、真实：

湘江治理，不含省内财政配套，至当时已经投了600个亿，关停了600多家企业，才还湘江清澈；

云南修复滇池水环境，投入逾1000亿，仍不理想（中国水网）；

太湖同样，投入1000亿之上，才初见生态拐点（《新华日报》）。

不只是我们。日本琵琶湖治理，投入资金无数，40年才见成效。

琵琶湖位于日本滋贺县，面积不及洞庭湖，却是日本最大的淡水湖，日本的“母亲湖”。因为，在近畿都市圈6府县、2市内，琵琶湖是不可或缺的饮用水源地，供应着1400多万人的生活用水，平均每9个日本人中就有1个饮用琵琶湖中的水。

相关资料介绍，20世纪五六十年代，琵琶湖的水质尚处于贫营养状态，水质清瘦，氮、磷含量很低。以60年代为节点，随着日本经济的快速增长，琵琶湖附近的人口和工厂迅速增加，工业废水和大量未经充分处理的生活污水无限制地排放到琵琶湖流域，水中的有害物质超出了琵琶湖的水体自净能力，致使水体富营养化并日益恶化。同时，随着琵琶湖流域森林、农地、河畔林面积不断减少，市政街道和道路建设面积不断增加，以及森林管理水平严重下降，水源涵养机能遭到破坏，琵琶湖的生态环境和居民的生存环境受到严重破坏。1973年，滋贺大学统计，琵琶湖14%的鱼出现了脊椎异常。到70年代末，由于湖中黄色鞭毛藻类美洲辐尾藻大量滋生，琵琶湖连续3年发生赤潮。1977年5月，琵琶湖爆发了第一次淡水水华（淡水水体中氮、磷等营养物质过多导致的一种水污染现象），高度富营养的“肥水”导致藻类过度繁殖，藻细胞死亡后耗氧分解，水面腥臭扑鼻，震惊日本社会。1983年9月21日，由蓝藻引发的水华首次在琵琶湖现身，再次引发巨大的社会轰动。此后，琵琶湖蓝藻水华仿佛失控一般，几乎年年都会爆发。最严重的一次发生在2016年，全湖13片水域全都爆发了水华，持续时间多达44天，造成了严重的生态灾难。

水污染还造成了外来物种入侵。琵琶湖有 400 多万年的演化历史，仅次于贝加尔湖和坦干依喀湖，是全球第三大古老的湖泊。湖中生活着很多的特有物种，原生鱼类就有 46 种（含亚种）。以琵琶湖鲶鱼为例，此鱼是湖中最大的掠食性鱼类，食用价值高，全世界只在琵琶湖有分布。当水污染之后，入侵物种包括大口黑鲈、小口黑鲈、蓝鳃太阳鱼等威胁到鲶鱼的顶级生态地位，其中大口黑鲈最为严重。2009 年 7 月，有人从琵琶湖中钓获了一条 10.12 公斤重的大口黑鲈。相对于水质污染，外来物种的蛰伏时间更长，几乎不可能被彻底清除，防控也更为艰难。

面对难堪的现实，从1972年起，日本政府全面启动了琵琶湖综合发展工程，进行有步骤、多层面、广范围的综合整治。如，严格控制工业废水排放，对琵琶湖周边的工厂排放物质进行严格检查和限制。对琵琶湖周边的生活污染源、畜牧业污染源、农业污染源和工业污染源实行了综合整治。通过修建城市下水道、农村生活排水设施、联合处理净化槽来处理生活污水。制定鼓励环保型农业政策，与当地农民协商减少化肥使用量，以减轻农业对环境的污染。禁止含磷洗涤剂的使用、买卖、赠送，并在世界上首次为工业废水设置了氮、磷标准。对日平均排水量在10~30立方米的小规模企业的污水排放做了追加限制，并免费为一般家庭安装小型处理净化槽。采取保林护林、造林育林、防沙治山、保护梯田以及完善农业基础设施等措施来保证琵琶湖周边有足够的林区和良好的绿化等。这样，在经过长达40年的持续治理后，琵琶湖的污染才得到控制。

“题难、题哑，但是，‘国之托、民之需、己之责’皆在此，作为新任的地方党政主要领导，我们觉得自己别无选择，唯一要做的是不找任何理由推卸责任，勇敢挑起修复大通湖水环境的重任。可是，到底如何修复？我们开始向部门、向机关、向田头、向湖中问计，都未得到最佳方案。在省领导及环保厅、水利厅领导及益阳市领导的大力支持下，区里先后六次组织或参加大通湖水环境修复专题技术研讨会，一同寻找大湖治理最有效的方案。一个个方案提了出来，一场场争辩不欢而散，一轮轮肯定、否定、否定之否定，从深夜到黎明，从黎明到深夜……有人提出撒石灰清湖，有人提出湖里全面清淤——清淤，行不？一计算，结果吓人一跳：以清淤一米深算，淤泥吨位就是个天文数字。还有，清出来的淤泥往哪里堆？又是一场围湖筑垸了啊。还有，得多少机器设备？烧多少油？排放多少碳化物？投入费用多少个亿？”

说到这里，何军田叹了口气。

“就这样，一个多月过去了，区委、区管委会的领导及同事们，还有我们的上级主管部门，在有着 38 个入口的大通湖，没有找到一个治‘病’的‘入口’。

“另一个问题，更是让人大跌眼镜——纵使找到了方案，我们却不方便立即施工。因为，此时的大湖，大通湖区管委

夏季的大通湖，水天一色，荷香阵阵

会并没有使用权。

“此前，大通湖作为市级重大招商引资项目，已由娄底某陈姓矿产商承包了经营权。承包方向大通湖区管委会上缴承包款项8000多万元，承包期49年。承包公司名‘天泓’，业务是养殖。”

关于天泓，有一份资料这样介绍：

大通湖天泓渔业股份有限公司，注册资本8200万元，拥有湖南省内最大的内陆淡水湖大通湖12.4万亩水域的综合开发权，公司现有员工350余人，是一家集水产品繁育、养殖、加工、贸易、旅游于一体的农业产业化龙头企业。公司是上海海洋大学、湖南农业大学、中南林科大旅游学院教学科研基地，2010年被列为湖南省重点上市后备企业。公司下辖湖南天泓水产食品有限公司和湖南大通湖天泓旅游开发有限公司两家全资子公司。2010年实现销售收入2.9亿元，利润2900万元。公司养殖水面大通湖现为水产健康养殖示范区、中国湘菜百强基地。“大通湖”牌注册商标为湖南省著名商标。

大通湖“土著”涂林初亲身经历了大通湖经营权的转让过程。

涂林初从大通湖渔场副场长的位置上退休。1956年，10岁的他随母亲从南县九都来到大通湖，与作为农垦第一代的父亲团聚。之后，他在这片土地上学习、工作，做过财务，做过宣传也做过教师，直到在渔场退休。

这是一位对大通湖有着深厚情感的老人，以至于我们从他的眼里，总能读到一种潮湿。那是大通湖湖面的“雾”，大通湖湖水化成的“雾”，穿越岁月，经久不散。

“当时，渔场的职工几乎没有一个人同意将大湖经营权转让。”涂林初说。

“原因倒不是后来出现的污染或者说生态破坏，那时候人们还看不得这么远。在经济利益面前，生态总是会被人忽略。主要原因就是经济，对，在这个世界上试图主宰一切的经济。具体说，一是渔场是国有资产，是大通湖渔场所有职工的饭碗，怎么能说转就转？一转49年，区区8000万，一年才多少？163万……如果将这163万平摊到12.4万亩上，每亩水面年收多少？13块。所以，大家想不通，觉得太便宜了。二是传闻转让不公平、不公正。大家听说，和平水产是大通湖一家省级龙头企业，在转让挂牌后，曾有意参与竞标，后来因为种种原因，不得不放弃竞标。三是大家认为承包老板陈红文以前是湘中娄底那边挖矿的，是渔业生产的外行。连鱼都认不全的人，未必种得好这一丘12.4万亩的大水田？湖乡人只认懂鱼的人，只认在湖上吹过风、淋过雨、顶过浪也翻过船的人！这样，大家就都不同意。湖是国有资产，按法律得通过职代会同意。在60位代表参与的职代会上，双方吵成一团，形不成结论。后来，有人出面做工作，说要顾全大局，说这是市级层面的一个重大招商项目，必须支持，事情才平息下来。”

说到招商，大家便不好再说什么了。招商的背后，就是经济，经济始终调配人站在哪里。人类生活中，资本的力量总是很强大。

2009 年 5 月 15 日。益阳华天大酒店。

天泓渔业与大通湖区的大通湖转让经营合同正式签约，时任益阳市主要领导到会，益阳当地媒体悉数报道。“我作为特邀代表参加，”涂林初说，“我想，这一天应当被写入大通湖的历史。”

那么，大通湖到底是怎样被污染的？天泓公司又得承担怎样的责任？

贰

追寻，溯流而上

1

大通湖并不是一个古老的湖，尽管境内出土过大溪文化时期——约6000年前的石器和陶器。当时，它还只是洞庭湖的一部分，是洞庭湖茫茫水域中的一片。据《洞庭湖近代变迁史话》载，大通湖的名字，直到清宣统年间，才在一份手绘的《洞庭湖区地图》上出现。

过去的洞庭，茫茫6000多平方公里。“东北属巴陵；西北跨华容、石首、安乡；西连武陵、龙阳、沅江；南带益阳而环湘阴，凡四府一州，界分九邑，横亘八九百里。”（陶澍《洞庭湖志》）至唐宋，洞庭湖“吞赤沙，连青草，横亘七八百里”。明代中叶，特别是张居正在治期间，推行“舍南救北”方针（一种说法是张居正为保江北皇陵，“恐泄水射明堂，故筑之”。另一种说法是，张居正是湖北人，“为桑梓计”），堵塞长江段荆江口北岸诸穴口，南面留太平、调弦两口与湖相通。清同治、咸丰年间，南堤又添藕池、松滋两口，于是每当长江水涨，洞庭湖便茫茫一片。沧海桑田，经年累月，长江大量泥沙涌入洞庭湖，“泥沙渐淤积成洲”，“南洲（现南县）出”。光绪年间，赤磊洪道（即草尾河）冲积扇与藕池河东支冲积扇合围，从洞庭湖分离出一大片水域。这片水域东连东洞庭，西接沅江市南嘴、目平湖直达西洞庭，南连南洞庭，北滨南县明山头，纳藕池水，为洞庭湖东、南、西三个水系的通道，是一个四通八达的流水湖，面积达320多平方公里，人们谓之“大通湖”。

对这一段历史，涂林初曾参与编纂的《大通湖渔场志》（1999）是这样表述的：

> 自19世纪50年代至新中国成立时的近百年，是洞庭湖由大到小，迅速分割演变的剧烈阶段。清道光年间，荆江北岸穴口基本堵塞，加深了南北水位。随着长江大量泥沙倾注，地壳升降运动的作用和湖底淤积情况不同，使统一的洞庭湖在平水时期又分为若干地域性的中、小湖泊，大通湖即其中一个。……光绪年间，大通湖从东洞庭湖分离出来，当时面积大到320多平方公里。时藕池河东支之南有三旁系支流分别从东成垸、护丰垸、安仁垸等入湖。上述多支河流夹带泥沙注入，加速了大通湖的分割与形成。

可以想见，这时候的大通湖，水浪随风起，水草依水生，水鸟当空飞，是个物竞天成、完全自然的生态世界，水质不存在劣V类之说。那么，从那时到这时，从过去到现在，一切的变化是如何发生的？如果细一点说，那就是纯自然状态的水体是怎么演绎到发黑、总磷超标这个程度的？

于是，我们走进了大湖人家，走进了环保“风暴”之后一家又一家被废弃的、茅草丛生的企业，去寻找大湖的前世今生。我们跟“铁哥”“水哥”“虾嫂”“鸭司令”交流……跟他们这些皮肤黝黑的大湖儿女，同吃一坨猫鱼（豆腐乳）、一条翘白，同喝一瓶劣质的白酒，跟他们称兄道弟，听他们讲真实的感受。

这种追寻，是溯流而上。

追溯之中，我们从一片浪花中看到了长河奔流之初久远的渡口，从一脉水流中听到了不息的涛声，从一方水域中找到了人的位置。到最后，草蛇灰线般的线索越来越清晰：水到访之处，从来就没有少过人类的脚印。

有了人为的荆江北岸穴口堵塞，才有长江水南侵，才有“泥沙渐淤积成洲”“南洲出”，大通湖出；当大通湖“淤积越甚”，枯水季节“洲滩连片”，才有“渔樵农耕者纷至谋生”。“弱者，弓丈步量，开荒垦殖。”“豪强跑马占洲，围堤招佃。”

清同治九年（1870），豪绅黎正名相中大通湖这片肥沃的土地，来大通湖主修黎家垸。这是人类的双脚对大通湖最宽地域的一次踩踏。之后，脚印越来越密：光绪二十八年（1902），常德豪绅来此领照修堤，建刘公局。光绪三十年（1904），聂缉槼领垦大通湖西南洲土4万亩，后扩展到有5万余亩面积的种福垸（现千山红镇一带）。此后数十年间垸内湖洲大多被围。

至 1949 年，约 80 年时间内，大通湖区先后修筑大小堤垸108个。

这些堤垸，切割与围垦了大通湖，仅留下17公里宽的大东口河道为大通湖与东洞庭相连的主河道。其间，为加强防御与泄洪能力，有官绅曾拟将沿湖堤垸合并而成统一的天祐垸，因湘鄂两省长期以来的利益之争，加之该地分属南县、沅江、华容、岳阳、湘阴五地管辖，各地意见不一，又受人力财力限制，湖堤几度修筑而最终未能完成。1949年7月28日，中国人民解放军某部自湖北监利渡长江、过藕池攻克南县县城。南县解放后，解放军全力清剿湖匪和国民党部队的散兵游勇，稳定了湖区社会环境，这时候大通湖各垸终于捆在一起，有了现在行政区域意义上的大通湖。

其时，大通湖水域从洞庭湖中强夺，由320平方公里扩大到467平方公里。

对于1949年之后的历史，大通湖区委原办公室主任张楚成在《灿烂的洞庭明珠——大通湖农场发展纪实》中写道：

> 1950年，新中国成立的第一个春天，湖南省农林厅的一队年轻干部，身背行装，长途跋涉，从省城来到位于南县五区的窑堡。他们以大通湖垦殖管理处的名义，受命接管湖南省孤儿院第二分院，以开创一个全新的事业——探索大通湖蓄洪垦殖及建立机械农场。
>
> 为争时间、抢季节，管理处副处长穆义文带领第一批垦荒队员，在三千弓孤儿院安营扎寨。此时，这里芦苇丛生、人迹罕至。省农林厅随即

从长沙、湘潭调来原国民党政府农垦处的8台美式福特拖拉机、配套农具和10名农机人员。有了机械翻耕，很快就垦出大片土地。

那时的大通湖，洲土大王、豪绅恶霸，外加国民党的散兵游勇还有很大的势力。因此多次发生聚众闹事、打砸机器事件。垦殖无奈中止，相关人员退守回管理处。

僵持之际，这年下半年，11月30日下午，中共湖南省委原副书记、省人民政府主席王首道在省农林厅等同志陪同下，前来大通湖。12月2日，在深入了解情况的基础上，在管理处小院的一幢木楼上，王首道主持召开了一个座谈会。这是湖南农垦史上具有重要意义的一次会议。会上，王首道从长江、洞庭湖讲起，强调大通湖的重要性，强调人民的湖泊到现在才回到了人民手上，我们必须把它管理好，传达了中共中央关于建立大通湖蓄洪垦殖区计划，并对相关工作做了布置。

12月25日，时任南县县委副书记王惠廷调任大通湖管理处处长。

1951年1月10日，国营大通湖农场筹备处在河坝成立。

同年3月，大通湖农场以副厅级的建制正式成立。

20 世纪 50 年代的大通湖区旧影

也就在这年的1月到7月，湖南省水利局制订《大通湖区蓄洪垦殖试验区工程计划》，经中央批准，由长江水利委员会和湖南省水利局负责实施，同时成立大通湖工程处，组织南县、沅江、湘阴等地民工4万余人，历时6个月，修筑一条北起三才垸、南到增福垸的东堤16.8公里，使大通湖区域形成统一大垸，并定为蓄洪垦殖区。

1955年，农场围垦王家湖、丁家团湖；

1957年，围垦北洲子；

1959年，大通湖场域扩大到40.6万亩。

20世纪60年代，农场继续发展。70年代初期，大通湖大垸中部形成有4个国营农场和渔场、1个军垦农场，共计108个堤垸的农场群，场域面积（非大湖水域面积）再度扩大近17万亩，达57.5万亩。

这是一幅辽阔而富有质感的洞庭拓荒图，农垦人以坚强的意志、辛勤的汗水绘就了它。我们理应致敬，也唯有致敬。这段拓荒岁月，也成为一代农垦人包括现在工作和生活在大通湖的农垦二代三代们心目中无上光荣的时光。在大通湖的日子里，我们看到，无论是白发苍苍的“老农垦”，还是年富力强的新一代大通湖人，话题一旦链接到“当年”或“父母的当年”，无一不一脸的自豪与肃敬。

“每到秋冬枯水季，总有上万人筑堤。冬天的湖区，北风一吹，寒冷入骨，纵使大雪纷飞，也从不停歇。大雪之中，农垦人挑土在堤上堤下飞奔，宣传队打着快板鼓劲——‘天下雪，我加油，任何困难都不愁。同志们，加油干，人人争取当模范’……”曾任南县人大副主任的张玉刚在一篇回忆录中这样写道。

为大通湖后来的水环境修复做了不少工作、现任大通湖区副区长的刘文说：“小时候，母亲总是对我说，当年是‘白天挑土，晚上挑刺’。所谓刺，是指挑土时扎进脚板的菱角尖。菱角扎在脚心，是疼的呀，但母亲讲起时，脸上总是一脸幸福和自豪的笑容。”

一篇《那人，那湖，那田》，记载了农垦人陈细泉潮湿的记忆：

> 夏天搞生产，冬天挖渠道。一个连队要种几百亩地，但一个连的人却不多，有时候一个战士负责一百亩地，从早到晚，一天要干12到14小时。这里生长着许多的菱角，围湖围出来的地里会残留许多碎掉的贝壳，在战士们下地挑堤种田时，那些菱角刺和细小的贝壳碎屑就会不知不觉地扎进脚里。晚上休息的时候，战士们就点着昏暗的煤油灯坐在茅草屋里挑脚里的刺，有时候太痛了就让战友帮着挑。做茅草屋的地，用的是稀泥。房子的墙壁用稻草或芦苇做的。先把这些草秆卷成比较粗的一根，再将像这样的很多根连接起来，最后将泥巴糊在上面，一面墙就做好了。

这样的墙不实，到了刮风的时候，那就是外面刮大风，里面刮小风。晚上睡觉，外面下着大雨，屋里“小溪”流……

为了这片湖洲，大湖儿女付出的不只是汗，还有血。

帅韶吴回忆：

我是1965年进的南湾湖基地，在这里当兽医，照顾军马和牛羊牲畜。最初，这个地方只有一个名叫尼古湖的湖，是大通湖的一个小湖，周围只有几千亩烂泥地，一个人也没有。60年代，这里是一片汪洋，没有机械，没有路，堤坝都是靠手脚和土筐一担一担挑出来的。防洪是最难的事，冬天北风肆虐，湖水掀起一米多高的浪，一下子就把堤冲倒了，怎么办？这个时候哨声吹响，不管白天黑夜，战士们会迅速赶到大堤旁，每人抱一捆芦苇下到水里，紧紧靠着几乎溃烂的泥堤。水漫过了肩头，浪一起，人就跟着漂，就这样形成了一个暂时的人形堤坝。其他战士就加快速度运泥巴和石头修复堤坝，抵挡大浪。这样危急的时刻，牺牲的人是有的，一个浪打来能把堤坝推倒，那人可想而知了。有时候一不注意，人就漂远了，来不及救，只能眼睁睁地看着大浪把人淹没了……

1996 年。夏。一辆绿皮火车向北奔驰。

“呜——”汽笛长鸣，火车厢里传来列车播音员的声音：“火车正过黄河……”从大通湖农场回黑龙江宾县老家的牛玉卿突然号啕大哭。一车厢的人都惊讶地回过头来，注视着他，不知他到底怎么了。稍后，牛玉卿努力让自己平静下来，哽咽着说出了哭的原因：“这一过黄河，就意味着踏上了北方的土地，我很快可以回老家了。可是，我的8个战友，当年一同跨过黄河来大通湖剿匪的战友，当年他们跟随赵尚志英勇杀敌没有牺牲，解放战争中没有牺牲，却在1949年新中国成立后将生命留在了大通湖。”“更不好想的是，1954年洪水过后，他们的坟墓都找不到了！他们牺牲后，我曾向他们的父母承诺，活着的人一定会将他们的骨灰带回去。现在，我到哪里去找他们的骨灰？又怎样去面对他们的父母啊？！”

47 年前，牛玉卿所在的中国人民解放军 47 军 160 师 480 团奉命进入大通湖剿匪。牛玉卿当时任一营一连连长。有一天，由崔国兴带队的一连 10 名战士去塞波咀运粮，不料走漏风声。战士们返航快到瓦岗湖时，被湖匪截住——从芦苇荡、茭白草、荷叶丛中突然窜出 20 多条乌江号和铲子船，将运粮船围住。敌多我寡，北方长大的战士不识水性，一场激烈的战斗后，10 名战士全部遇难，被装进麻袋沉湖……

残酷的是，伴随着不同时期的脚步声，伴随着大通湖场域面积的不断扩大，大湖湖面在一年年收窄。

1990 年 2 月出版的《大通湖农场志》记录：

> 大通湖建农场前，湖面面积除有49万亩大湖外，尚有王家湖、丁家团湖2.07万亩，南京湖1.02万亩和三才垸内湖0.3万亩。全场（区）共计湖泊面积52.39万亩。
>
> 1950 年，大通湖蓄洪垦殖，修建排水工程，1955 年增福垸南口修五门闸，大通湖水面降至 26 万～27 万亩。20 世纪六七十年代，解放军某部相继于南县和尼古湖（后改名南湾湖）湖内围垦扩田。王家湖、丁家团湖渐渐变成淤洲。南岸的浅水湖滩多种植早熟水稻和莲藕。1955 年春，有成垸、玉成垸的北堤外仅留 200 米泄洪道，这两个浅水湖通过围湖修堤，化变为农田，湖泊完全消失。三才垸内湖在 1975 年搞农田建设时基本改为粮田，仅部分低洼区尚存 100 亩水面。到 1980 年，湖面仅有 12.44 万亩，即现在我们所看到的大通湖。与此同时，湖床在渐渐抬高，夏秋水深降至 3～4.5 米，冬春降至 1.5～3 米。

“堤垸有如蛛网。”“洪水一大片，枯水几条线。”这是相关志书对水域收窄后的大通湖的描述。

随着面积的锐减，大湖的生态环境也在变化：“鸟类减少。鸦、野鸭、鹭鸶很少见到。麻雀遭灭顶之灾。青蛙、泥鳅一年年减少。江豚、龟鳖、白鹤等，由多变少。”

洲土的拓展，意味着人口的增加、污染面的加大。于是，生活污染、牲畜污染、种植上化肥农药的污染等年年递加，层层累积，犹如油墨，一层层涂抹在大湖这块画布上，让大湖一天比一天沉重。20 世纪 70 年代，为发挥农场土地资源和农产品优势，大通湖五大国营农场都办起了糖厂。

《大通湖农场志》1972 年的数据显示，当时大通湖大垸内 4 家糖厂具有了日处理甘蔗 1400 吨的能力。自此，农垦工业兴起。1979 年，国务院批转财政部、农垦部关于国营农场实行“独立核算、自负盈亏、亏损不补、盈利留用”的财务包干政策，各农场的生产积极性被调动起来。1980 年代以来，各农场不断扩大糖厂规模，很快形成了以糖业为龙头的集纺纱、造纸、酿酒和建材于一体的工业体系。在国民生产总值中，工业所占比例由 1980 年代前的不足 30% 上升到 70%。

糖业上，1980 年代后期，日处理甘蔗量达 6000 吨。食糖产量在 1986—1995 年期间年均 2 万多吨，比整个湖南省糖产量的一半还多。纺纱形成了 5 万吨的生产能力，年产纱线 4000 吨左右。纸业上，大通湖、北洲子两家纸厂——它们后来成为污染大湖水质的两大元凶，80 年代中期达到年产 1.5 万吨的规模。1990 年生产文化纸 8300 吨，1995 年高达 12600 吨。2000 年，大通湖人造板总量达 2.8 万立方米，人造板是利用甘蔗渣生产出来的，也是一个重要污染源。客观地说，大通湖农垦工业的兴起，为益阳、为国家都作出了重大的贡献。当时有一种说法，“大通湖就是益阳的钱柜”，但农垦工业崛起的背后，是对环境的污染和破坏，它带来的恶果渐渐显现出来。

有必要陈述的是，大通湖的这段变迁史，只是千百年来整个洞庭湖区“人”与“水”的阵地战、进退史之一小节。《洞庭湖水利志》载，洞庭湖区围湖造田从清朝康熙年间就已开始，尽管不少有识之士如一位杨姓巡抚就曾以杀头之罪下禁令“沿湖荒地不许再行筑垦”，但从1825年至1905年的80年间，洞庭湖湖面仍缩小了近1500平方公里。1949年以来，在“以粮为纲”“围垦灭螺”的口号下，洞庭湖又经历了3次大的围湖造田，围垦面积达280多万亩，湖面迅速萎缩。

老水利专家徐超分析说：“当时围垦的主观愿望是‘只生产，不住人’，洪水一来就破堤蓄洪。可随着岁月的流转，洞庭湖区的人口已由解放初期的290万跃升到现在1000多万，为了生计，曾经用于蓄洪的垸子，不但抛粮下种，而且建房造屋，住满了人丁。”“正由于湖面锐减，‘一年一小灾，三年一大灾’的厄运从此幽灵一样游荡在湖区。堤越筑越高，但水灾也越来越密、越来越大。20世纪90年代，5年有4次特大洪水。1998年洪灾带来的损失更是惨重，洞庭湖区共溃决堤垸142个，其中万亩以上的堤垸7个，溃垸灾民达37.87万，直接经济损失近200亿元。”“正由于人丁猛增，人为了生存及短时间获得富足的生活，既无度又无序地向湖索取，不仅造成了湖面面积变窄，也造成了洞庭水的劣变……”

这，是大湖水质变坏的原因之一，但还不是直接原因。12.4万亩的大湖，有着强大的自我更新能力。再说，当人们意识到这种向大湖的蚕食和扩张是一种无序越位时，也收回了自己的脚步。1980年，大通湖停止围垦。这年5月，水利部召开长江中下游防洪工作座谈会，提出洞庭湖区退耕还湖，大通湖人积极响应，不再围湖造田。2000年1月，大通湖改场设区，下设河坝、北洲子、金盆、千山红四镇及沙堡洲、南湾湖两个办事处。从此，原农场职能发生重大改变。近年，当"绿水青山就是金山银山"成为一个国度、一个时代的理念，大通湖人壮士断腕，关糖厂、停纸厂，拆除相关污染企业。"五十年代垦荒，六十年代种粮，七十年代办工业，八十年代农工商，九十年代改革开放"的大通湖从此走上"生态优先，绿色发展"之路。

直接的原因，就在天泓——这家拥有大通湖水域经营权的企业。

"一切还是缘于资本的魔力，"大通湖生态部门的同志介绍，"自从获得大通湖的水域经营权后，天泓公司就违背合同经营，为了利益最大化、最快化，用尽用极了所有办法，进行掠夺性经营。其一，为增加产量，分类养殖，将12.4万亩的水域用大网隔成若干块。比如，划5000亩养草鱼，划1300多亩养甲鱼。东边片养螃蟹，西边片殖珍珠。其二，大量使用大型投饵机大剂量投放肥料。一年一万多吨化肥，两万多吨鸡粪、鸭粪下湖。大通湖周边县市如汉寿、华容等地养殖场的鸡粪鸭粪悉数被该公司收购。最高峰时，整个大通湖里投饵机多达 35 台。大量的、长期投放的化肥和未发酵有机肥造成了大量氮、磷元素积存在泥底，难以降解。其三，使用大网清扫湖底的蚌、螺等生物，将其打成粉剂销往江浙的养殖大户用作精饲料，获取利润。蚌、螺等湖底生物有‘水体生物净化器’之称，它们的被剿杀，极大地加剧了大通湖生态系统的破坏。一时间，大通湖湖堤上全是前四后八轮的大货车，它们载满鱼、蚌、螺，驶向湖北、江苏、浙江等地……”

我们可以发现，这种对鱼、蚌、螺、蟹的围捕，其实是围湖造堤的翻版或者说延长版。我们总在采取不同方式对大湖进行侵犯，对水进行侵犯，在侵犯中获得征服的快感和利益。唯独没想到或者不愿去想的是，12.4 万亩的大通湖，或者说 12.4 万亩的水，最终会无言而坚决地回击。和我们相比，大自然的反击有更充裕的时间。

2

与天泓解除合同，短时间难内以完成。等，显然不是办法。大湖水质的好转，等不来。

巨大的压力之下，刻不容缓之时，大通湖区委、区管委会争取到上级支持，不走寻常路，开始对大通湖水环境进行尝试性的修复。

“一是拆网、控排、控投、控渔。二是尝试性清淤。当时，我是河坝镇书记，我亲历了这场大战役。”刘文介绍，“我所做的第一项工作是拆除大通湖上遍布的渔网。”

40来岁的刘文，身板敦实，皮肤黝黑，揭开短袖衬衣的袖口，手臂上的痕迹黑白分明。这种黝黑，缘自常年的湖风吹打及烈日暴晒。

刘文是千山红镇人，1994年毕业于湖南农业大学工程管理专业。毕业后，他被分配到益阳市粮食局。工作一段时间后，他发现大通湖更适合自己，于是决意回到大通湖，在当时的大通湖农场五分场做国土和水利方面的工作。2012年，刘文先后任沙堡洲办事处主任、沙堡洲镇党委书记。2015年下半年行政区划调整，新建河坝镇。2016年元旦，刘文担任河坝镇党委书记。

“可是，这网怎么拆？”刘文说，“一是水面的经营权还在天泓手上，这是他们的地盘。二是，还有看不见的、来自大通湖当地的阻力：生意兴旺的天泓公司聘用了当地大量劳动力，支付的薪酬不低。断了天泓的生意，就是断了各家的财路。

“硬拆肯定不行。不硬拆，就只能跟天泓老板陈红文做工作。可以说，我们是利用了一切机会，软的硬的用尽，好话与歹话讲尽，硬着头皮把工作往下推。很多时候，为了等陈红文回公司，我们一拨人要到凌晨才能回家。每谈好一段，担心夜长梦多，我们当夜就安排劳动力，次日一早就开始拆。为赶拆除进度，镇上的同志同村民们一同下湖。夏天顶烈日，冬天对北风……”

与此同时，清淤也在推进。

十月小阳春。风小，无雨。正是下湖作业的最好时间。大型清淤机械运来了，技术人员来了，各村的精壮劳动力也来了……

2016年10月、11月间，大通湖里，开始了千百年来从未有过的清淤行动。硕大的清淤船泊在湖中。红色船身，红色的旗帜在船顶飘扬，与湖面形成对比色。长长的清淤管从船舱伸至湖底，将淤泥吸出，再吐到清淤船侧的运送船只上。这个管道，得足够长。20世纪60年代初，大通湖平均水深2.3米，最深处2.7米。50多年后的现在，其常年水深仍为1.2~2.5米。淤泥装满，船只便把它们运送到岸边，或用来加宽加固堤坝，或由工程车运往他处。一时间，湖中机器声隆隆，搅动处浊浪翻滚，湖岸上车流不息，一派热火朝天的景象。

铁哥是清淤人员之一。这位老“大通湖”，生在大通湖，长在大通湖，从穿开裆裤到成家立业，40 多年与这片湖水相依相偎。小时他在湖边戏水、垂钓，长大了在湖里捕鱼。天泓公司经营期间，他又是捕鱼能手。“其实，我也是破坏生态的帮凶之一。”长期被湖风吹拂一脸黝黑的他，并不推脱自己的责任。由捕鱼人到清淤人，铁哥说：“我要把自己亏欠大湖的，还给大湖。”

韩敬德也是清淤人员之一。村上事多，作为村支部书记的他不能天天守在湖中。他的主要工作，是组织协调车辆运送淤泥，垒到指定的地点。淤泥不是一车两车的事，现在的土地有主，倒到这里还是倒到那里，得选择好地方，做一些沟通工作。车辆经过处，难免有泥浆洒落，也有一些清扫工作得做。

小张的职责是开清淤船。他刚从一所职中毕业。20 岁不到的孩子难免贪玩，打游戏是他每天晚上的例行“工作”。但现在，他只得把游戏停了——为了工程进度，每天一大早要下湖，中餐在船上吃盒饭，天黑后也难回住处，因为加班是常态。

就这样，百来号人连续两个来月加班加点，才在湖中一国控水质检测点四周清空出一个半径为 500 米、深度为 1 米的淤泥面。

到这时，大家才发现，这不是解决大湖水质问题的最好办法。

“帆蚌形”（大通湖人的习惯称法）的大通湖，东临漉湖，南与沅江市相连，西北与南县、华容县比邻。东西长17.5公里，南北长15.3公里。这浩大的一片水域，要清空湖底的污泥，得多大的工程？得投入多少亿资金？清理出来的淤泥往哪里堆？是不是会造成新的围堰？

科学高效的办法在哪里？益阳市委、市政府组织，湖南省相关部门特别是生态环保专家参与的大通湖水环境修复研讨论证会开了多次，然而，最佳方案仍未找到。

忙碌中，2017年的农历新年来了。

这是何军田过得最焦虑的一个年。省里，指示不断；市里，书记、市长的电话几乎一天一个。众多的方案、建议通过不同渠道摆在了案头。责任的重大，路径的迷茫，时间的紧迫……绳索般绞在一起。他知道，作为主管或具体实施方的主要领导，自己除了勇敢担当再无其他选择。夙夜难眠的焦虑中，何军田想起了环保厅老领导祝光耀，忽觉眼前一亮，忙向市委汇报了自己的想法。

祝光耀是益阳人，资深环保专家，曾任国家环境保护总局副局长、党组副书记，出版有《青山　绿水　蓝天——人与自然和谐之路的探索与实践》等著述。

农历新年一过，益阳市主要领导带队，何军田随同前往北京，专程向祝老就大通湖水环境修复工作求计。有着浓郁家乡情结的祝老了解了当下大通湖的情况和修复水环境过程中的困境后，被益阳人特别是大通湖人对这片湖水的拳拳之情深深打动，当即将他们介绍给时任环保部水生态环境管理司司长张波（后任生态环境部总工程师）。张波 2016 年 8 月调入当时的环境保护部。此前，他曾任原山东省环保厅党组书记、厅长，以铁腕治污赢得社会赞誉。张波被湖南基层干部的诚心打动，随即推荐了武汉大学生命科学院的于丹团队，并表示愿意前往湖南察看大通湖，推进相关工作。

从北京返回益阳的途中，穿行于祖国的大好河山之中，一行人一直紧锁的眉头终于舒展开来。他们想，有“生态先行、绿色发展”思想指引，有中央、省、市各级强有力的领导，有倾情于生态环境工作的专家出力，更有广大大通湖人民对美好环境的向往及为此而情愿付出的牺牲，大通湖水环境修复一定能取得预期效果。大家看到了前路的曙光……

从北京回来后，何军田即率环保局时任局长尹波等人前往武汉，诚邀于丹教授团队来大通湖。第一次，于丹教授婉言谢绝了。在对大通湖的情况进行前期了解后，他认为大通湖的情况不是一般的复杂和特殊。一段时间后，大通湖区的同志们再去梁子岛，情和理、理和情，情理掺在一起讲。直到第三次，于丹教授终于被大家的诚心打动，答应前来协助工作，用最大的力量，做最有效的尝试，推动大通湖的水环境修复。

不久，于丹团队来到大通湖，落脚临湖的沙堡洲开展工作。

于丹先叫停了清淤，然后开始了种水草前的拆网、清捕等工作。

2017 年 9 月 22 日，张波也来到大通湖。

看到湖面拆网的忙碌身影，张波问："这是怎么回事？"区领导便将天泓的情况做了汇报。张波吃了一惊：49 年的合同，这怎么弄？合同不解除，怎么下手？

事后，张波要求，治理大通湖，必须先解除渔场与天泓公司的承包合同。随后，在对大通湖的情况进行实地了解的基础上，张波与于丹教授、湖南相关方面、大通湖相关方面等进行沟通，提出了"一点两线四个框"的大通湖水环境修复基本思路。"一点"指以大通湖水质持续改善为基本点，"两线"为减排和增容，"四个框"为城乡环境基础设施建设减排、工业污染减排、农业污染减排、生态修复增容，后来被人们称为大通湖水环境修复"三减一增"。

同年 10 月底，时任湖南省委主要领导再次来到大通湖。省领导在益阳市委主要领导陪同下，上船绕大通湖一大圈，对大通湖治理提出"八字方针"：退养、截污、疏浚、活水。之后，"八字方针"再添"增绿"两字，扩展为"十字方针"。

不久，于丹团队拿出《大通湖水生植被修复方案》。

国家环境科学院给出《水环境治理大通湖方案》。

至此，云开雾散，大通湖水环境修复思路与做法清晰起来。

在于丹教授（下图左一）的指导下，大通湖渔民开始种植水草

3

此时，解除大通湖渔场与天泓公司的合同迫在眉睫。

“可是，怎么解除？”在大通湖区委三楼的办公室里，已是大通湖区副区长的刘文面临难题。

“上面给的是四个字：依法解除。没错，得依法解除。但到底怎么个依法？又怎么个解除法？天泓公司承包大通湖养鱼是大通湖区的重大引资项目，为当时市领导引荐，相关部门收下了8000多万元的承包金。这三个因素叠加在一起，它就成了一个复杂的问题。”

“但是，合同能不解除吗？不解除，以后的一切工作如何开展？”刘文翻出一大摞案卷，这些案卷，无言地诉说着当时工作的艰辛。“多轮商讨之后，我们依据相关法律法规，依据大通湖区政府法律顾问和律师团队的建议，以大通湖渔场为申请主体，向长沙市仲裁委员会提出与天泓渔业的解除合同请求。”

2017年10月18日，长沙市仲裁委员会受理了大通湖渔场提出的仲裁申请。

这是一场情与法的较量。

平心而论，陈红文的初衷并无过错。他从冷水江钢铁公司一名员工，辛苦打拼多年，积累下自己的资本。在当时大通湖渔场经营效益并不理想的时候，他倾其所有，并不惜向银行巨额借贷，来到离家数百公里之遥的大通湖，进入一个全新的领域——“从山里到湖里”，从事他完全陌生的养殖业。虽然本意是“利益”，但是客观上带来的是“大通湖渔场的改变”。只是，当面对一泓12.4万亩的湖水时，他不知道自己该站在哪里，也找不到自己的位置了——在利益驱动下，他忘记了“吃水还要爱水”这个根本，并以违法的手段，给大通湖带来了严重的伤害。他并不知道，也或许并没有想去知道，这个湖中之湖，是大通湖儿女的母亲湖，是“洞庭之心”，她不能沾尘，不能蒙垢，只能永远清亮和璀璨。

也就是在这场仲裁之后，陈红文遭遇人生滑铁卢——因筹资借贷涉及非法集资，受到刑事处罚。这是后话。

自受理仲裁申请之后，长沙市仲裁委员会数次开庭对此案进行仲裁。天泓公司不服，在庭审中答辩称：

（一）天泓公司的行为不会产生合同被依约、依法解除的后果。

1. 大通湖渔场（政府）先行违约。（1）大通湖渔场与大通湖区管委会存在混同。（2）大通湖渔场（政府）存在违约行为，天泓渔业有权行使抗辩权。A.大通湖区管委会未经天泓公司同意，先后申报国家良好湖泊保护项目及国家湿地公园，与大通湖渔业养殖经营目的相悖。B.大通湖渔场未履行合同约定的联防联管义务……

2. 天泓公司无违约行为，不会导致合同被依法解除。

（二）天泓公司的行为有利于合同实现。

1. 天泓公司拥有科学的养殖技术，经营过程注重环境保护。

2. 天泓公司已进行巨额投资。

3. 天泓公司有能力继续履行合同。

（三）基于天泓公司的行为不会产生合同被依约、依法解除的后果，大通湖大湖水面及相关水域的养殖权证及“大通湖”牌注册商标持有人仍为天泓公司，大通湖渔场的全部仲裁请求既无事实基础也无法律依据，依法应予全部驳回。

“对此，我们用大量的事实和数据，佐证和支持解除合同的理由。我们列出，第一，经营中保护好水环境，合同中有要求，但事实上，天泓经营大通湖期间，造成了大通湖水质达劣Ⅴ类的严重的水污染事件。其污染，天泓公司的违法经营有重大责任。违法经营情况，大通湖区相关职能部门曾经多次查处，有记录在案，是为重要物证。第二，天泓公司承包之后，大通湖的水产品产量比原来增加了近3倍，这从另一个侧面说明，天泓公司有违背规律、违反水产养殖相关法律法规的操作行为。其违法违规手段，就是大剂量使用化肥及未经处理的农家肥，并由此造成了湖泊富营养化的严重后果。第三，原合同条款中，明确约定‘天泓公司在5年内完成不少于2亿元投资，用于大湖综合利用开发、生态旅游、特种养殖加工，其中须有不少于70%的资金用于水产品深度加工和旅游开发项目，并有义务维护好大湖水产资源及生态环境，不得对水草螺蚌等资源进行掠夺性开采’。事实上，天泓公司自承包以后，并未以发展旅游等方式对大湖综合开发，而是对湖底生物进行了大量捕捞，甚至用虹吸泵从湖里抽螺蚌，造成湖底严重‘荒漠化’。相关文字、图片、视频及数据资料显示，其掠夺式开发场面‘壮观’，致货车排队等货长达一两公里。其水底所捕捞年产量上万吨，年销售收入3000多万元。以上证明，大通湖水质变坏与其违法经营有直接联系。因此，大通湖区政府及所属大通湖渔场有理由终止合同，收回大通湖的经营权限。

“这是一场非常激烈的争辩，我十分清楚地记得，2018年1月2日，我们与天泓公司唇枪舌战，庭上弥漫着浓浓的火药味。这是法律的力量，是生态的力量，也是大通湖对资本的一场血拼。我们的背后是大通湖，我们与水站在一边，我想，我们一定能得到满意的结果。最后，我们终于赢下了这场广受关注的仲裁！”

说到这里，刘文的目光转向窗外，久久没有言语。他的思绪，又回到了当时短兵相接的仲裁庭上。

2018年1月10日，长沙市仲裁委员会出具仲裁裁决书：大通湖渔场与天泓公司的原经营合同依法予以解除。

仲裁后，天泓公司再没有提出反诉。

大通湖12.4万亩水域，终于回到大通湖区政府及大通湖渔场手中。

从此，大通湖的水环境修复工作全面铺开。

4

谷穗收割之后，田里一丘丘的稻茬齐刷刷地竖着，湖区的原野空旷起来。天空也比往日高远，偶有大雁飞过。那些乡亲们称为“鸫鸡婆”“落沙婆”的鸟不知在哪个角落拖着长声鸣叫，更增添了湖区的辽阔感。这样的时候，如果没有大湖这一湖水叫人糟心，这里，什么都那么美好。

一杯早酒过后，铁哥又下湖了。

湖区的哥们，都喜欢喝一口早酒。他们傍水而居，靠水而生，多以捕鱼为业。捕捞讲个早，他们总在天还未亮，湖上还夜雾蒙蒙的时候就下湖了。等到归岸，一般是太阳初升时节。渔市里将鱼卖了，口袋里有了些内容，他们便在就近的街巷找家小馆，点个小炒或小火锅，抿上一口酒，一则驱寒，二则冲淡劳累，三也是小小地为自己的劳动所获庆祝一下。经年累月，这喝早酒的习俗便一代代传下来了。

铁哥这次下湖，不是清淤，而是拆投饵机。湖面收回了，但天泓公司用来投喂鱼虾的投饵机还在，而且是大家伙，坚坚实实、稳稳当当地扎在湖中。铁哥和几个兄弟先搭梯从最顶头拆起。一个一个螺母卸，一块一块铁板拆。这些大家伙常年被风吹雨打，很多地方锈了，拧不动了。几乎每拧一处，铁哥都要出一身汗。有的螺丝，使出吃奶的劲还是拧不动，只能用电锯切割。上面的怎么难，在明处，还好弄。拆水下面的机座就麻烦了，需要戴上专业供氧设备沉到湖底作业……

一个秋天过去，大通湖上的投饵机还没拆完。

入冬之后，拆除难度加大。冬天的湖面，茫茫一片，北风呼呼，吹到脸上针扎一样。水温低了，早酒、中酒、晚酒，都抗不过入骨的严寒。最难的是起大风，风一起，浪就起了，一波一波扑过来、压过来，人都能冲倒。这样的日子，铁哥真不想下湖。跟要好的朋友点个火锅喝上几杯，酒后转几圈麻将或来几把跑胡子，生活才叫韵味。不过，每天一早，他还是来了。他不需要担个什么责任，只知道渔场急、区里急。他想，如果不急，何军田、胡国文、刘文等区领导，还有生态局的、湿地局的、农水局的书记和局长们，怎么会今天这个来明天那个来？而且，他们一来就是一整天，有的还上船亲手拆……大家都是为这一个湖，都在为这一湖水做事。人心肉长，作为老渔场员工、老大通湖人，他不能袖手旁观。

一秋一冬过去，大通湖上的 35 台投饵机终于拆完。零散部件码在湖边，堆成了一座小山。

投饵机部分可以水上作业，拆网就全在水下进行了。湖水浅处有两三米，深处五六米。那些固定网的桩扎得牢实，为对抗风浪，网脚都压着石头。为拆掉它们，铁哥他们累得够呛。夏秋还行，冬春入水，就靠意志了。湖面北风阵阵，湖水冰冷刺骨。一头扎进一人多深的水中，拔桩、搬石头，冻得人直哆嗦。幸得这些男儿，都是湖风吹大的、湖浪打大的，半壶烧酒下肚，什么都不怕了。他们鼻子一捻、眼睛一闭，一个猛子扎进湖底……

完后计算，拆下来的围网，总长度达 118 公里，能绕大通湖两圈多。

一拨人夜以继日清理湖面的同时，于丹教授和他的团队一头扎进了大通湖水草种养的研究与行动中。

于丹，山东文登人，大连海洋大学毕业，一生志在“做一株沉在湖底的水草”。博士毕业后，他来到湖北梁子湖一个荒岛上，带了一批学生，创建湖泊生态系统国家野外科学观测研究站，开展以“长江中下游淡水湖泊水生植被生态”为课题的研究。这是一场筚路蓝缕之旅。一行人租住在岛上渔民用石头搭建的简易房子里，靠几台旧电脑、几张摇摇晃晃的竹桌子工作。没有实验样本，就下湖连根挖水草；生活不便，吃菜靠自己开荒种地；交通不便，靠一叶扁舟划进划出。这样的条件下，他带领着学生每年在岛上工作超过300天。连续18个春节，他坚守在岛上。2008年1月，梁子湖湖面冰雪封冻，大家几近粮菜断绝……

正是靠着这种深情和专注，于丹及其团队让梁子湖80%的区域被水生植被覆盖，湖底下种出了一片“水下草原”，湖水水质整体恢复到Ⅱ类，其中1/2为Ⅰ类，除去洪水入湖的2010年和2016年，再未出现过Ⅲ类水质。2009年6月下旬，对水质要求极高、有“水中大熊猫”之称的淡水桃花水母高密度、大面积地出现在梁子湖。梁子湖治理经验“抓紧治

波光粼粼的水面下，水草飘摇

‘小病’、分期治‘重症’、保住‘生态本钱’”的生态新思路，得到中央领导的肯定，梁子湖治理的经验和技术被推向全国。

梁子湖在武汉市、咸宁市、大冶市之间，是湖北省第二大淡水湖，面积达 2085 平方公里，进水口 300 多个，盛产武昌鱼、银鱼、鳜鱼等，鸟类品种多达 137 种。这里原本生态良好，湖水可直接饮用。后来因为众多进水口失控，湖泊一度受到严重污染，富营养化日益严重。

现在，虽然有梁子湖水质成功修复的经验，但面对无论是污染源还是水体本身都比梁子湖复杂得多的大通湖，生态修复的路径在哪？怎样才能尽快、尽好地还大通湖、还益阳及湖湘，还长江经济带乃至绿水青山的中国一湖碧水？

水的故事水来讲，水的答案依旧在水中。

到底哪些水草适合大通湖？如何在有限的时间里取得最佳效果？……解决这些问题，于丹的办法“简单而粗暴”：将所有团队成员赶到大湖中去。晴天去，雨天也去。夏天去，冬天也要去。让电脑听浪，让数据沾泥——一个月里，全体成员没有谁可以例外，必须保证1/3的时间泡在湖中。

顶着火辣辣的太阳，我们走进了位于沙堡洲的大通湖湿地科研监测中心。

沙堡洲为原大通湖农场场部所在地。

从淤泥淤积成洲到 1949 年，大通湖形成由 108 个堤垸组成的大垸。斗转星移、沧海桑田之间，大通湖古刹肖公庙、

“为行旅泊船之所”的舵杆洲、沙堡洲等地渐成。沙堡洲之名，出自“水流旋回淤积，形成矩形沙滩，宛如城堡”（《洞庭百年史话》）。

科研中心由原沙堡洲招待所稍加翻修而成。房子陈旧。地面瓷砖或开裂，或磨出了深深的痕迹。

走进科研中心，最先看到的是水泥坪前的十几口大水缸。水缸里，是各种标着号的水生植物。这些，就是于丹教授及团队重要的研究载体。日复一日，他们观察这些水草，记录其细微的变化，研究它们与水的相互作用和影响，从而为大通湖水环境修复提供科学支持。

再往里走，就是食堂了。就在这里，我们与于丹教授不期而遇。正是中餐时分，几个人端着饭碗，或蹲或坐在阶基上吃饭。当中一位老者，满头白发，穿一件粗布深色 T 恤，脚上一双塑料拖鞋，脚杆上还沾着泥，裤腿一只上一只下，边吃边和身边的几位年轻人聊天。

“您是？”我们诧异了。

“我是于丹。你们找我？”老人站起来，露出一脸憨厚的笑，一如湖乡一位最普通不过的农民，“不过，我可没有什么好说的，你们找这些年轻人聊聊吧，他们比我更不容易。”

25 岁的严智伟博士的话匣子，从对导师的赞美开始。

“这一株‘扎根在湖底的水草’，把我们带到了大通湖，也把情怀、爱、忠诚、意志力以及智慧，带到了大通湖……风雨四年，于丹老师两次在大通湖过生日，五一、国庆长假，端午、中秋佳节，他都在大通湖指导种草。都60多岁的人了，于老师还冲在一线，带头下水，我们为什么不行？我们团队，算是真正‘把论文写在大湖上’。”

严智伟，1996 年出生，安徽安庆人。2013 年，17 岁的他考入武汉大学生态学专业，后师从于丹教授攻读博士学位。

科研中心的水草种植基地

2018年2月，他来到大通湖科研中心，从事大通湖湿地管理、维护、水草等相关研究。

研究是辛苦的。日复一日看着那些水缸、那些水草，观察、记录、分析枯燥的数据。科研中心逼仄的空间里，办公室、厨房、宿舍三点一线。“如果不在科研中心，就在湖中；如果不在湖中，就在科研中心。”在湖上的时间，占了科研人员时间的一半。他们将13个样袋，由GPS定位，置于大通湖中不同区位。然后，每月的下旬下湖，采集数据及做相关研究。其他时间，当电排排水入湖时，当养殖户污水排放时……他们根据不同情况，随机下湖。12.4万亩的大通湖，晴时风平浪静，祥和美丽，一片迷人的风光；风时雨时，湖面极速变脸，浪高水急。他们下水不分烈日，也不分风雨。晴晒太阳，雨受风吹，是经常的事。大通湖“无风三尺浪，有风浪更高”，俗话说“三月三，九月九，无事不到江边走”，严智伟及同事管不了这么多，不管三月、九月，连冬天也要下湖。湖风扑面如刀，湖水冰凉刺骨，在湖中几个小时再上岸，人都冻坏了。严智伟说：“袁隆平院士讲，实验室长不出稻谷来。同样，实验室长不出水草来，大通湖湿地科研监测中心没有实验室，它的实验室就在12万多亩的大湖中……”

生长在安庆，学在武汉，女朋友在武汉，一个人来到大通湖，严智伟并不习惯。这种不习惯，包括工作、生活环境，也包括饮食——安徽过来的人，受不了湖乡的潮湿，也受不了有菜必辣的一日三餐。工作一天累了，到了晚上，出去走一走，找不到歌厅迪厅，只有乡道上稀疏的几点灯光和大通湖吹来的风，只有村部坪前几位跳广场舞的大妈。这时，25岁的他会加入大妈的队列中，来一段广场舞放松一下。感觉孤独时，严智伟就给女朋友打语音或视频电话，给亲爱的人描述一下头顶那一轮洞庭月，以“两情若是久长时，又岂在朝朝暮暮”安慰自己……

硕士刘媛的孤独与严智伟正好相反——她还没有男朋友。不过，虽然孤独，她却“认命”：“谁叫我爱上了水生植物研究呢？谁又叫我爱上大通湖了呢？”

刘媛也来自安庆，也是武大毕业生。她是2021年3月来大通湖的。研究方向是生态与景观。一个女孩，入湖入水，比男生更累，也更不方便。遇上“那几天”，导师恰好安排下湖，也不好和导师说，还是硬着头皮去了。克服所有艰苦，她坚持了下来。她说：“一头白发苍苍的于老师还冲在一线，带头下水种草呢！我一名学生，有什么理由不坚持？”她知道，这种研究，将造福大通湖，更是大通湖对自己的恩赐。

坚守在大通湖的，还有很多人。

博导王力功，每年在大通湖最少待3个月。巢传鑫、李扬、余炜诚等博士或硕士们，都在大通湖长住。他们的博士或者硕士论文选题都跟大通湖相关。武汉大学生命科学院2021年毕业的3名硕士生，也选择在大通湖进行生态修复，迈开他们科研生涯的第一步。

“如果有一种宿命，那就是与水结为亲邻，”严智伟说，

“读了这个专业的博士，就注定了我这一辈子将与江河，与湖畔比邻而居了，艰苦是必然的，但我无憾，因为，我与水融为一体，水给了我一个浩瀚无比的世界。”

2018 年，大通湖种植水生植被轮叶黑藻芽 84388 公斤、轮叶黑藻成株 1070958 公斤、苦草种子 66315 公斤……全湖近 10 万亩水域种有水草。2019 年 1 月至 10 月，大湖沿岸带种植湘莲（红莲）5000 余亩。

这些数字显示的，是大通湖中央深水区向岸线依次构建的“沉水—浮叶—挺水”植被带，是于丹教授及其团队实施的“水生植被恢复工程”，也是严智伟所说到的他们的世界。

叁 修复或者道歉

1

车过大通湖大堤，经沙堡洲驶出，我们走进更深远的大湖腹地。迎面是一轮朝阳，身侧连片的荷叶你推我挤地倒撑小伞，捧接阳光。高高的水杉，列队成双，从车窗外掠过。边行边看，我们在铭新村的田头转转，去老河口村的渠道边走走，来到一家又一家农家的屋檐下，与乡亲们聊生计、聊收成，也聊大湖。这时，我们发现，我们行驶在一幅水乡巨卷中。这幅巨卷里，一丘丘田里绿肥（红花草）丰茂，一条条入湖河道在疏浚，一户户农家在改水改厕，一个个池塘在退养，一家家门店在下架含磷产品……我们知道，这一切是湖南省委提出的“退养、截污、疏浚、活水、增绿”大通湖水环境修复十字方针的落实，是张波提出的“一点两线四个框”大通湖水环境修复基本思路的细化，是益阳市委、市政府，大通湖区委、区管委工作的落地。无论是瞿海、张值恒等益阳市级领导，还是时任益阳市生态局局长周卫星，时任大通湖区委书记何军田、区长胡国文，于丹教授团队，以及所有为大湖忙碌的人，都是这幅巨卷中的一笔一画，都在大盘中站在各自的位置，发挥各自的作用。

益阳市委、市政府成立了由书记、市长任组长，相关市直部门和涉湖区域主要负责人为成员的大通湖治理工作领导小组，先后多次召开市委常委会、市政府常务会，专题研究大通湖水环境治理工作。市委、市政府、市人大、市政协主要领导数十次一线调研督导、现场督办，分管负责同志逐月调度解决具体问题。按照“党政同责、一岗双责，属地管理、分级负责”的要求，出台了《益阳市大通湖流域综合治理实施方案》《大通湖水质达标方案》《益阳市大通湖湖泊保护管理办法》《大通湖流域水环境治理攻坚战项目任务清单》《大通湖入湖口及交界断面水质考核办法（试行）》等系列文件，实行“一月一调度、一督查、一通报”，严格奖惩办法，全面强化流域属地责任，构建起“上下贯通、层层负责、有效追责”体系，形成了党委加强领导、政府具体负责、部门齐抓共管、全社会共同参与的工作局面。

与之相对应，大通湖区委、区管委会，涉湖的沅江、南县，以及解放军南湾湖生产基地都成立了指挥机构，出台了全面精细、高标准又切实可行的方案。

于是便有，沿大湖一公里被划为环湖生态带，无条件进行畜禽水产退养，全方位植林种草增绿，多路径控污、滤水，打造沿湖湿地；大湖一公里之外，整个大通湖区域，含沅江、南县地区涉湖乡镇，全地域控制工业、农业面源污染，进行河渠清污、截污、疏浚，推动厕改，严控各家庭各门店使用含磷化工用品……一时间，条条河渠动、片片地转绿、家家清退急、户户改厕忙。

便有瞿海、张值恒频频造访大通湖，“连我们自己都不记得有多少次了”；便有开头那一幕，瞿海坐镇大通湖一周，监管各村、各个湖口往大湖排水，便有生态与民生刀光剑影般的对峙和极为艰难的选择、统筹及调配。

便有周卫星总是“脚趾都踢坏”，时不时便往大通湖赶。周卫星现任益阳市赫山区委书记，在大通湖水环境修复最重要的时间段，出任益阳市生态环境局党组书记、局长。在益阳市委、市政府坚强领导和统筹安排下，他率益阳环保人打响蓝天保卫战、铁手抓矿山特别是桃江石煤矿污染治理；他数下洞庭，全力推动大通湖水环境修复，取得了益阳市空气质量由全省倒数跃升到全省前列的不俗成绩。

便有益阳农水、林业等部门领导同志“心之所念，总在大通湖”……

以 2019 年的数据为例。

大通湖区委、区管委会出具的当年度《大通湖水环境治理工作情况报告》，从截污、大型养殖退出、农业面源污染治理和生态修复等方面做出总结——

（一）全面推进畜禽水产退养，防治养殖污染。

一是全面实现大湖退养。二是扎实推进畜禽退养和粪污治理。禁养区畜禽养殖企业已全部退出，加快了限养区和适养区规模养殖企业环保设施改造升级。南湾湖基地也已与养殖户初步达成2019年12月底全部退养的协议。三是有效推进珍珠退养和精养鱼塘退出。大通湖区范围内的珍珠养殖全部退出，总退出面积达12592亩。大新河入湖口退塘还湖（湿）已经全部还湖到位，还湖面积238.5亩。临湖1000米范围内精养鱼塘13592亩，已退出8479亩。南湾湖基地应退6365亩，已退1646亩。四是打造水草种植基地。2018年至2019年，大通湖区共发展水草产业面积近3000亩。

（二）全面推进大湖植被修复，恢复自然生态。

由于丹教授技术团队按“一湖一策”指导大通湖生态修复工作。武汉大学大通湖实习实践基地和武汉大学梁子湖湖泊生态系统国家野外科学观测研究站大通湖工作站加速运营。实施水生植被恢复工程，从中央深水区向岸线依次构建“沉水—浮叶—挺水”植被带，充分发挥水生植物生态功能作用。2018 年，大通湖种植水生植被轮叶黑藻芽 84388 公斤、轮叶黑藻成株 1070958 公斤、苦草种子 66315 公斤……全湖近 10 万亩水域有水草。2019 年 1 月至 10 月，大湖沿岸带种植湘莲（红莲）5000 余亩。扎实推进大湖禁航禁捕。集中管理湖内船只，处理僵尸船 115 条。加强巡逻巡查，严厉打击涉湖违法行为，扎实推进“雪亮工程”，周边 3 个区县沿湖共安装监控摄像头 44 个，抓获违法人员 50 人次，刑拘 18 人，办理破坏生态环境公益诉讼案件 4 起，依法办理破坏环境资源犯罪 4 人。

（三）全面推进污水垃圾治理，严控面源污染和生活污染。

一是提升城乡污水处理设施处理率。全区 4 个镇实现污水处理站全覆盖。2017—2018 年整合 6800 万元资金投入城镇污水管网改造。2019 年投入 1100 万元启动中心城区两公里的污水管网建设工程。投入 1860 万元启动了乡镇一期管网 11 公里建设工程，10 月底已基本完工……推进农村厕所改造工程，全区计划实施 3967 户，10 月底已全部完成。二是加快推进城区黑臭水体整治。2019 年，全区投入 1200 万元对中心城区五一西路二十电排渠和中心城区二电排渠黑臭水体实施整治工程。三是加强垃圾治理。深入开展农村人居环境整治，推进垃圾分类处理，流域内 90% 以上农户“两桶”配备到位，乡镇垃圾中转站均已建成。四是扎实推进农业面源污染治理。着力推进农药化肥减量控害。2018 年全区稻虾综合种养面积 10.47 万亩……农药、化肥使用量同比去年分别减少 4% 和 4.2%。2019 年，全区推行水旱轮作 7.2 万亩，绿肥种植面积 8.55 万亩，百亩以上集中连片的紫云英 15 片，实际面积 1.2 万亩……

（四）全面推进疏浚引水活水，构建河湖生命机理。

一是实施河湖连通引水工程建设。投资约 7000 万元建成五七闸枢纽工程，2018 年 5 月实现自流引水入湖。二是持续疏浚入湖水系。启动大通湖流域沟渠清淤三年行动方案，近两年共清除入湖水系围网 118 公里，疏浚五七运河、老三运河、金盆运河等主要入湖口 35.4 公里，疏浚中小沟渠 1644 条近 4000 公里，塘坝清淤 79 座，实现大通湖与周边水系自然连通。三是加强河渠清漂清废。近几年以来，共设置清废入湖拦截网 48 处，完成河渠清漂 1433.4 公里，清除水葫芦等漂浮物 5.6 万余吨。四是加强入湖口湿地建设。4 个主要入湖口湿地已建成，初步构建以挺水植物荷花为优势群落的湖滨沿岸带，对外源污染物加强生态拦截。

2

数字是汗水的结晶。

“就拿我们农水系统的工作来说，”在大通湖区农林水务局会议室，时任局长向见军介绍，“‘水渠清淤’写在纸上就四个字，但这几个字得一米一米、一段一段来写。不动手，淤泥还是淤泥。这些年，我们清理了多少河道？清运了多少淤泥？长度以公里计，淤泥可以造百公里大堤……可以想想，有多少人在河道中转？有多少双脚在泥水中蹚？”“还有，要减少农业面源污染，就得调整产业结构，比如说，减少棉花种植。棉花是大通湖的重要种植植物，但它易起虫，要防虫就得打农药，因此有‘泡在农药里的棉花’的说法。现在，得要棉花减产。容易吗？不容易呀，因为种植棉花效益很好……我们就得和乡亲们讲道理，一家一家讲，一个一个讲……这样，大通湖全区棉花种植终于由原来的5万多亩减到3000多亩，直到靠近大湖的村落、大湖四周一公里的区域，不出现一株棉花……这是减少农业面源污染其中的一例。”

稍加停顿，向见军继续说：“我再举一例。不种棉花，粮食是要种的。种粮食就少不了肥料。化肥省事，见效快，但我们要控制。怎么弄？我们就大力推广复合肥。每50亩田取个样，然后分析各片地的肥料需求，尽最大可能减少污染，特别是磷。大通湖的水质变坏，最可恶的一个原因，就是总磷超标……

“控制牲畜养殖污染，引导沿湖一公里处的养殖户退出养殖，也是我们的一项工作。不是说不养就能不养了……这个工作难度也相当大。临湖而居也因湖而生的人，祖祖辈辈千百年来都是几口鱼塘几亩桑、一条渔船一张网、一根钓竿换衣裳地过日子，现在一不能养、二不能捕、三不能钓，这理如何讲得清？就是讲清了看见钓竿手也痒啊！还有，养牛不行，养羊不行，养猪也不行……2019年，我们在湖边一共退养了8万头生猪，其中有个大户有5万头，这是人家的身家性命呀，要做通工作让人家退出来，就真得把嘴皮子都磨破，把门槛都踩烂。有什么办法？能因为难就躲避吗？只能苦口婆心，跟乡亲们称兄道弟，讲生态意义，讲当下的形势，讲要退的理由，并承诺在经济上给予最大的补偿。那一家养5万头生猪的，那猪喂得真的好咧，红皮白毛，圆圆溜溜，人一进去，它们就竖起耳朵，嗷嗷声一片。我们去这家做退养工作的时候，猪圈里相当一部分正是130来斤的架子猪。要人家退养，这话难说出口咧。前些年猪瘟什么的，他家亏的本大，现在正指望这年能够扳本……”

“如果说湿地是地球的肾，那么，我们局管理的大通湖堤岸外的这片湿地，就是洞庭的肾，肩扛着护卫洞庭湖的重任。”从农水局出来，我们来到大通湖区湿地管理局。局长吴铮杰开宗明义，描述他的工作职责。

“我的工作，是从下载许多App开始的。天气预报的、大通湖水位的、大湖水质的、水草种植的……凡与大通湖有关、与我的工作有关的App，我手机上都有。”吴铮杰说。

“为什么要这么多 App 呢？”我们问。

“需要！一般情况下，每年七八月会有一场大的湖风，前后二十来天，风力四级以上，大风会导致水体浑浊，水浪荡起的泥沙颗粒会附着在水草上，时间一长，新生的嫩的水草会坏死。怎么办？就得根据天气预报，控制好水草的栽种时间、栽种量…… 2020年7月初，大通湖境内暴雨，全线涨水，眼看稻田被淹、村庄被淹，农民急了，担心形成内涝，请求向大湖排水，市里在严控一段时间后同意在水质达标的前提下排水。水是很快涨起来的，并没有多少时间来进行入湖水质检测……当时外湖（洞庭湖）的水位几天内都保持在29米多的高位，大通湖里的水加上开闸放进来的水，根本没有可能再排出去。时间一长，又会对大通湖水质造成一定的影响。遇到这种情况，我们如果不通过App及时掌握大通湖水位，就很被动。我们还得通过水草种植的App学知识。稻虾养殖是减少农业面源污染的好办法，但是它会产生一定量的蓝绿藻。蓝绿藻的生命周期只有7天，繁殖速度非常快，能产生藻毒素。2017年，我们认识不到位，让湖边稻田的部分蓝绿藻进入了大湖。结果藻毒素抑制了水草的生长。现在，我们制订了稻虾养殖的废水处理方案，要求稻虾田里种轮叶黑藻。产生了蓝绿藻的，就推广生石灰灭藻……”吴铮杰回答。

“至于水草的种植，既是技术活，也是体力活，大家都为它流了不少汗，”吴铮杰继续介绍，“2018 年 1 月底，临近过年，当时正下大雪，大通湖区白茫茫一片，我们抓紧这段时间往湖中撒草种，因为低温的环境对来年种子的发芽有好处，成活率会提高很多。记得当时我们按每亩 50 斤（轮叶黑藻 30 斤、苦草 20 斤）进行播撒，集中抛了两万多亩。于丹团队的老师们一人跟一条船，现场指导，这一干就是整整 4 天，待忙完这活，都农历二十九了，老婆孩子都在眼巴

大湖堤岸的荷花观赏带是一道靓丽的风景

巴地望我们回家过年。”

讲到水草，河坝镇人大主席王军打开了话匣子：“这叫说到我饭碗里了。”王军 2021 年回到河坝镇政府任职人大工作，此前，他担任大通湖生态投资发展有限公司总经理。

“公司成立于2019年，是大通湖区国资委下属的子公司，当时的设计是‘政府行为，市场运作’，激发生产力，保证项目的公平、公正、高效、优质。我们的主要任务，是具体实施于丹团队修复大通湖水环境的技术方案，比如水生

植物的种植、水生动物的投放等。2017年，我们拆大型投饵机、拆渔网，几乎花了整整一年。之后的主要工作就是种花种草了。这可不是怡情养性，不是在阳台上在庭院里搬搬弄弄，这是大通湖历史上从来没有过的伟大的水下造林工程。真的，可以用上伟大一词，为了这一泓湖水变清，大通湖人是用了力，倾了情，投了心的呀……”讲到这儿，王军一脸严肃。

“你们种过荷花吗？现在大通湖堤上的百亩荷花，你们知道是怎么来的吗？”王军问。

我们摇着头。

“那我给你们说说……我们得在冬季下种，这个季节湖水较浅。因为要趁水浅下种，我们就不能选择天气。风不管它，雨不管它，下雪也要下湖。而且，下湖不能穿雨靴作业，穿雨靴与湖泥隔了一层，脚失去触碰感，稍不小心就会伤到莲藕种。我们用赤脚拨开淤泥，拨出一条沟来，把藕种摆好，再用脚将淤泥盖上去。水齐腰深，冰冷刺骨……太冷了，埋不了一排藕种，人就得上岸。上得岸来，大家脚杆子都是红的，短裤湿漉漉地贴着身体，人打冷战，上牙敲得下牙响。这样一个个下、一个个上、一个个暖暖身子再下，大家循环接力。2019 年整整一个冬天，我们上百号人专门干这事，硬是在 12.4 万亩的大通湖中，种出数百亩荷来。

“冻一冻，累一点，其实也无所谓。太冷了，下湖前就用烧酒打底。大通湖的酒，是火。终于到了 6 月，种下的荷花开了，湖面上翠绿一片，翠绿上又绽放着朵朵或粉白或粉红的荷花，我们这下快乐了。懊丧的时候多是四五月，湖上风大，浪也大，风浪把荷叶秆子折断，这时，水就会从荷叶秆子里灌进去，水一灌，莲藕就会腐烂。这样一来，我们冬天所做的一切，就当喂了狗，只能下一年重来。所以，每到四五月湖上起风，我们的心都会吊得老高。

“种水草是我们的主要工作。种好它，同样不是一件容易的事。一是水草生长有很强的季节性。有的，如荷花莲子，必须在种子发芽之前种下去；有的，萌发嫩芽后才能下水；还有的，要长到一定的时候才能入湖。另外，不同的水草对水的深度也有不同的要求。大通湖外湖涉及14个乡镇，面积近千平方公里。外面下1厘米的水，大通湖内就会涨10厘米，这些水通过大通湖堤岸的38个进水口进来。进来容易，出去难——启动所有的电排一天也只能排渍三四厘米。这样，就影响我们的种植进度，加大了我们的种植难度……”

3

在大通湖的日子里，我们被持续感动着。

最强烈的感动，来自湖上，来自田土中，来自农家的屋檐下。

是的，来自水里田间那一双双泥手，来自一张张常年被湖风吹粗、被太阳晒黑的脸，来自一颗颗朴实、真诚、善良的心，来自一位、一家、一村……十万大通湖人民。因为，最优秀的顶层设计，没有底层的理解、支持、配合及执行，都只能停留在纸上。而他们，就是大通湖水环境修复这场战役的“合伙人”、行动者。

李荣华是河坝镇老河口村的党支部书记。

回村之前，李荣华在镇上养老院当院长，上午 9 点上班，下午 5 点半回家，每天日子过得清闲舒适。“后来，大湖要治理了，老河口村临湖，原来的村支书辞职，村上没有人愿意出来挑这个担子，一大堆事——急事、难事、麻烦事需要有人来处理，组织找我，要我回村里来。”“当时，我也犹豫呀，这不米箩跳进糠箩吗？但最后我还是来了。为什么？这个湖是我们的家呀，我们在这家里生、家里长，现在，家里有事了，我们做儿女的，要有钱的出钱、有力的出力，来解决这些事。”

这样，李荣华从院长变为支书，带领老河口的村民们，配合执行上级关于大湖水环境修复的种种工作安排。

为还一泓碧绿的湖水，沙堡洲的村支部书记张建清同样在行动。

沙堡洲是离大通湖最近的村，村域的界线一半是湖岸线。这是个有着507户人家1296口人的大村。养殖是村上的主要产业。村民打鱼捕捞年收入每户两万来元。2016年，河坝建镇，原沙堡洲农场、尼古湖村、蜜蜂峡村合并成沙堡洲村，张建清任支书。张建清老家在益阳市赫山区，母亲是桃江人。20世纪50年代，张建清的父母带着一腔建设农场的激情，来到大通湖。他在大通湖生，在大通湖长。2000年，张建清在大通湖渔场任队长，2004年任养殖分场副场长，2010年任场长，2013年任原尼古湖村支书。当三个村子合并时，村民认为，没有人比张建清更熟悉这个村，更熟悉养殖，便选他当支书，指望他带领一村人扩大养殖规模，让家家户户的口袋都鼓起来。

“只是，我们哪想到，张书记一上来，先要断我们的‘财路’。”村民们“愤愤不平”。

村民们说：“当时，天泓公司正红火，村子里的人天天有事做。投喂饲料，打捞湖底螺蛳，运货送货，个个搞手脚不赢，人人都能在天泓挣到钱。这时候，张书记却坐不住了，跑到镇上找领导说理去了……你听，他说些什么？他说，大通湖渔场本是国有的呀，怎能说包就包？现在这样子搞下去不行，这样子搞下去，湖会搞坏，我们周边的人将来连吃水都会成问题。相关人士不理，以这是区里最大的招商项目为由，顶回了他的话。争得厉害时，鼻子不对嘴，拍桌打椅呢。”

“是的，当时村民并不理解我的做法，直到大湖的水发绿，成为劣Ⅴ类，村子里的人打开门能闻到臭气，才懂了我。”说起保护大通湖的当初，张建清回忆说。

“2016年年底，中央督察，各级政府重视，大通湖开始进行水环境修复，我看在眼里，喜在心里。很快，我做了一件事，组织村上三个热心村民在大通湖湖面上日夜巡逻。主要是监督天泓公司是否非法喂养。如投放鸡粪、用大型投饵机投饵等。一旦发现，就举报给镇上环境执法大队、生态局或农水局。当时，我只能这样做，因为政府与天泓公司的合同还没有解除，天泓还在养鱼。天泓要的是今天栽树，明天树上就能结钱，所以尽管政府控投控饵，他们还是偷偷干。有两个深夜，天泓公司趁月黑风高投料被我们发现举报了，天泓船只被扣、被处罚。我没有想到，后来，正是有了这些天泓违法投放的铁证，政府与他们解除合同时多了一份筹码。因为这事，天泓公司恨死我了，还威胁过我，但我一点也不后悔，也不害怕——为什么要怕？在监管天泓或者说与它的对抗中，我依靠的是大湖，12.4万亩水在我背后给我胆、给我力量。”

后来，当大湖水面收回，沙堡洲村在大通湖生态投资发展有限公司的组织下，承担了下湖拆投饵机、拆渔网等所有的苦活、累活。

“最难的事，是动员村民退养，”张建清介绍，“依据大湖修复方案，大湖周边一公里的区域，必须是湿地绿带。沙堡洲村全部在这一公里的带上，所以，只能无条件地退出原有模式养殖。”

这是 2018 年的事。

养殖水产品一直是沙堡洲村的主要产业，养殖面积6000多亩。现在，一夜之间，要全部退出，大家感到像割肉一样的疼。相当长的时间，张建清记得，他天天都在往村民家中跑。白天见不到人，就等晚上。今天见不到，就等明天。一家一家去找，一人一人去说，“嘴巴皮都说破，终于得到了大多数养殖户的支持”。

“更难的是拆房。”依据政府相关规定，离湖最近的人家必须拆迁。要将农作用地、鱼池等共计350亩地腾出来，用作湿地。“祖祖辈辈在湖边，要他们搬迁，这工作真不好做呀！但是，不做也得做。因为，家大业大，都没有大通湖大。”

做这些工作的同时，张建清组织力量对全村旱厕实施拆除，实施了三格式生活污水处理，让污水汇总，进入污水处理厂。2018年，沙堡洲村完成厕所改造120来家。2019年，完成197家。改厕的方式是，由村上组织、农户配合，腾出场地、挖出地方，由镇上统一安装。这项建设，镇上项目资金有限，沙堡洲村自筹资金10多万元。10多万对一个村来说，不是一笔小数目，“但咬着牙，我们也要干，也在干”！

韩敬德走马上任铭新村支部书记，几乎与大通湖水环境修复的“风暴”同步。

有道是，上面千根线，下面一根针。一天到晚，韩敬德就忙于组织村民改厕、退养、禁磷……连自家的鱼池都顾不上了。禁磷一事，一个门店一个店门去宣传，去查禁。比如，绝对不允许各店销售带磷的洗衣粉。退养一事，村上沿湖 100 多家，一家一家去做工作，让他们全部退出原有养殖，改种水草，或者稻虾套种。离湖远的、禁令外可以养殖的养殖户，则坚决不让他们投放超过规定量的饲料。这过程中，大多数养殖户表示理解并配合。也有一些户子想不通。有些是因为鱼池里刚放鱼苗，这时退出损失很大。有些是退出时鱼价很不好，白鲢每斤才 3 元，草鱼每斤才 3.8 元，这个价格出手，鲜鱼卖成了白菜价，成本都收不回。

“这工作，确实很难做通，但没办法，只能多上门几次，多说几回，靠政策、靠真诚、靠将心比心去感化、去完成任务。当然，能够完成上面的任务，并不完全是我个人付出了多少努力，更多的是村民的理解和配合，”韩敬德回忆着，举着例，“村民刘建新、王应龙两家，都是养殖大户，每家的鱼都在一万斤以上。我反复给他们做工作，见鱼价损失太大，村上打算以每斤5元的价格将鱼全部买下……这样一来，两户都被打动了，说‘村上没钱，负担不起呀，这个亏还是我们吃吧’。后来，他们处理了池塘里的全部存货，退出了养殖。记得当时是7月，气温高，好多鱼出池就死了，他们真的损失很大、牺牲很大！”

是的，“大局面前，小家次要”。正是有了大通湖人民的朴实、良善，有了他们的牺牲，才有了现在重回清亮的大通湖。

还是那个夏天的晚上，也不知多长时间了，周海一直徘徊在鸭棚前。鸭棚里，几千只鸭子在酣睡。此时，湖水辽阔，一轮洞庭月高悬天际，天地一如初开。

宁静中，周海的内心在翻江倒海。因为，过了这一晚，他就得和他的鸭群道别了。一个湖边长大的孩子，20 多年与水为邻、与鸭为伴，这一种道别，有如离开最亲密的伙伴，那种茫然、失落和孤独，难以言说。

周海 1980 年出生，家中兄妹三人，父母亲 60 多岁。因为家庭人口多，经济条件一直不理想。16 岁那年，初中还没毕业的周海辍学回家务农。年纪小做不了重农活，家又在大通湖边，于是他当上了小小的鸭倌。看着那未出窝的肉乎乎的仔鸭慢慢长成步态蹒跚的小鸭，长成红掌拨清波的成年鸭……他这一看，就是 20 多年。

渐渐地，周海养鸭养出了经验，养出了效益，也养出了感情，规模一年年加大，由几百只到上千只，到 2017 年变成 6000 多只。6000 多只鸭，按九成的产蛋率计算，一天能收蛋 5000 多枚，年获经济收益不会少于 20 万元。见效益大好，2017 年下半年，周海决定扩大养殖规模，喂养量万只以上。就在这时，大通湖生态修复进入攻坚阶段，要求沿湖一公里以内所有养殖户退出养殖。听到这个消息，周海吃了一惊。几十年来的吃饭及发家的手艺就这样停了？不养鸭了，自己还能干什么？还有，将这些鸭子处理的话，只能贱价卖，又会有多少损失？

一次次，一回回，一个又一个深夜，周海来到鸭棚旁，看着他的鸭群，久久不愿回去。他陷入痛苦与茫然中。但最后，想到大湖的事是大通湖子子孙孙的事，他做出了一生中最艰难的决定：响应政府号召，服从政府安排，坚决退出！周海出售了所有鸭子。大鸭每只20元，仔鸭每只10元。这个价，只是市场价的2/3。但他认了，既然是抛售，当然也就只能低价了。

处理完鸭子，周海发现自己一无所长。他几十年前的生活，除了鸭子还是鸭子。2018年初，他只得再买鸭子，继续喂养。当然，不能在大湖边养了。他四处寻找，在北洲子与邻近的岳阳市华容县交界的一个地方，找到一处空地。这里离铭新村30多公里。他没法天天守鸭群，便请60多岁的老父亲帮忙，自己则做起了鸭蛋销售员。他买了一辆小货车，运送自家鸭蛋，也兼收一些其他养殖户的货，汇总后送往南县，基本上一天一个来回。在这里，周海养了约两年。

起始，情况还算平稳，贱卖鸭子的亏损慢慢被填平。2020年1月，租地出现一些情况，周海的养殖不得不中止。后来，周海又找了很多地方，他选定了原北洲子纸厂附近一处空地。没想到这一年，因为疫情及其他原因，鸭蛋每斤2.8

元还卖不出去，亏损达20多万元。熬到2021年，情况有所好转，蛋价每斤5.5元，周海每天可以有400多元的收入。

“如果情况再好一点，我就可以挽回去年的损失了。”2021年7月14日下午，在河坝镇政府的前坪，周海顶着烈日，站在我们面前。他来河坝镇政府开会，镇上推行《河坝镇耕地农药化肥减量增效实施方案》。“相信会好起来的，因为，大湖最记恩，她从不薄待对她好的人。”周海讲过他的故事后，这样说。

没有懊悔，没有怨恨，周海有的，是一脸憨厚的笑容，以及一位平凡的农家人对未来美好生活的信心。

当然，并不是所有的“退出”都会如周海的道别一样柔软、深情而又坚决。有时，它会是一种充满刀光剑影的博弈。

大有，是长沙的一家大型养殖企业。

2008 年 8 月，大有租用南湾湖军垦农场基地（归属于湖南省军区），建立了两万头生猪养殖场。

2017年12月，益阳市生态环境局在执法过程中，发现企业向大通湖大量排放未能达到环保要求的养殖废水，遂责令其停止生产，并处罚款人民币5万元。此后，大有公司并未停止养殖。2018年8月，益阳市生态环境局以〔2018〕36号《行政处罚决定书》，再次对其进行行政处罚。处罚决定书认为：其废水处理站氧化塘外排废水中悬浮物、化学含氧量和氨氮排放浓度分别超过国家规定的排放标准浓度限值1.9倍、0.8倍和0.01倍。并再次责令其立即停止生产。这次处罚仍未执行到位。随后，大有的环境污染问题进入中央环保督察组的“法眼”，中央环保督察组认为该企业“涉嫌污水处理中设施不正常运行”。同年11月15日，大通湖区环境保护监察大队接中央环保督察组反馈意见，对大有污水处理站排水口进行采样检测，发现氨氮超标1.1倍。益阳市生态环境局再次责令企业停止违法行为。之后，在大有公司并未关停的情况下，2019年5月6日、2019年5月20日，益阳市生态环境局两次对该公司排放的养殖废水进行检测，均发现其存在氨氮、磷超标问题，并第三次出具《责令关闭决定书》。同时，益阳市生态环境局向解放军某部第二资产储备管理局南湾湖基地作出《关于依法关闭大有养殖公司南湾湖基地相关情况的函》。

前后两年，三次反复，大有并未停止生产。在这种情况下，益阳市人民政府于2019年6月5日做出《关于依法关闭大有养殖公司位于南湾湖农副业基地内生猪养殖场的批复》（益政函〔2019〕59号），“同意市生态环境局按照《中华人民共和国水污染防治法》的有关规定，依法责令大有养殖公司关闭位于南湾湖农副业基地内生猪养殖场”。对此，大有公司提出听证申请，委托湖南佳蓝检测技术有限公司对养殖场内水塘的水质进行检测，并出具结果均达标的检测报告。14天后，6月19日，益阳市生态环境局公开举行听证会，认定原处罚决定。大有对此仍表示不服，于8月20日向湖南省生态环境厅申请行政复议。湖南省生态环境厅依法受理此案，两天后向益阳市生态环境局做出《行政复议答复通知书》。10月17日，湖南省生态环境厅做出《行政复议决定书》，决定维持益阳市生态环境局作出的涉案《行政处罚决定》。

对此处罚决定，大有公司不服，于2019年10月31日向长沙铁路运输法院提起行政诉讼，将益阳市生态环境局、湖南省生态环境厅告上法院。时任益阳市生态环境局局长周卫星、湖南省生态环境厅厅长邓立佳一同坐在了被告席上。

2019年12月10日，长沙铁路运输法院由审判长王进、人民陪审员康毅、刘精科等依法组成合议庭，公开审理此案。

庭审中，大有公司称：其一，“判断原告污水排放是否超标，应当以整个污水处理系统终端即养鱼塘排出的水样的检测结果为准”。“原告建设了两套污水处理设施”，“该污染防治设施合格，外排污染物达标，不存在违法违规行为”。“还投入巨资自挖自建了2000余亩养鱼的水塘作为‘猪—沼—鱼’污水处理生态循环系统”。其二，“涉案《责令关闭决定书》《行政复议决定书》事实认定错误”。一是“氧化塘非合法采样点”，二是“原告的行为不属于‘情节严重’情形”。原告“尽管不服被告相关决定，但为了生态环境，并克服非洲猪瘟带来的困难，不断完善公司污水的处理系统”。其三，“涉案《责令关闭决定书》《行政复议决定书》适用法律错误”。其四，“两被告对原告作出的行政处罚及行政复议决定”，均违背了中央、国务院等有关禁止环保“一刀切”的相关精神。其五，“原告南湾湖养猪场投资1.2亿元，年产肥猪约6万头，解决就业人口上百人，属于民生工程，应依法保护”。

“一旦关闭，将给原告带来极大的经济损失，也将给当地就业和社会稳定、猪肉供应及价格稳定带来不利影响”……综上，大有公司请求法院依法判令益阳市生态环境局、湖南省生态环境厅之《责令关闭决定书》及《行政复议决定书》无效，予以撤销。

对以上诉讼请求，大有公司当庭出示5大组共计18份证据。

对此，益阳市生态环境局、湖南省环境厅针锋相对，出示6大组共计48份证据，支持原决定书。

辩论，质证。质证，辩论。庭上唇枪舌剑，弥漫着浓浓的火药味。这是一场产业与生态的博弈，也是一场资本与环境的较量。

最后，法院审理后认为：本案中原告的生猪养殖场存栏过万头，总占地面积2096亩，应当按照环境保护法规规定及环评批复、环境保护竣工验收批复要求，保证污水处理系统正常运转，做到污水排放达标。“被告益阳生态环境局在2017年8月22日、2018年6月13日、2018年11月15日的三次现场检查中，发现原告存在畜禽养殖污水超过国家规定排放标准的违法行为。2019年5月6日、5月20日、5月22日，又发现原告污水排放超过国家标准。”“同年5月31日，还发现原告存在废水处理设施二氧化氯发生器未通电、未开启等不正常运行污染防治设施情况。”所以，法院认定，益阳市生态环境局出具的并报益阳市人民政府批准做出的《责令关闭决定书》“事实清楚，证据充分，适用法律正确”。湖南省生态环境厅做出的《行政复议决定书》“认定事实清楚”“适用法律正确”“程序合法”。对原告的诉讼请求“不予支持”，驳回“原告大有养殖发展有限公司的诉讼请求”。

此后，大有被依法退养。

大有退养，环大湖一公里的绿带上一个疤痕从此被抚平了，大湖的肌体上切去一个脓包。

在声势浩大的“退养、疏浚、截污、增绿、活水”行动中，法律之剑从来就没有缺失。

2017年12月24日至26日，大通湖区居民洪某某驾驶三轮摩托车带着三角捕捞网等工具前往大通湖水域青树嘴段捕捞螺蛳，每天捕捞螺蛳约300公斤，共计900公斤，分别以0.9元/公斤、0.8元/公斤、0.7元/公斤的价格出售给了收购方。12月27日，洪某某再次前往大通湖水域青树嘴段捕捞螺蛳，被民警当场查获。民警对其捕捞的螺蛳、捕捞螺蛳的工具（红色塑料澡盆1个、三角捕捞网1个）予以扣押。经称重，扣押的螺蛳重300公斤。对此，大通湖管理区人民法院认定洪某某违反保护水产资源法规，立案查处，判决其犯非法捕捞水产品罪，判处拘役5个月，缓刑8个月，并处罚金3000元。判令其承担生态修复费7200元，并通过市级媒体向社会公众赔礼道歉。

同月27日7时至10时许，居民何某在大通湖青树嘴段捕捞螺蛳，大通湖公安分局治安大队民警接到群众举报迅速赶至现场，查获何某捕捞的螺蛳及捕捞工具白色塑料船和三角网。何某捕捞的螺蛳共计1130公斤，被责令当场放生。之后，大通湖区人民法院对何某立案，判处其承担生态修复费6780元，并通过市级媒体向社会公众赔礼道歉。

如此严厉的处罚，仍未能斩断一些伸向大湖的黑手。

2018 年 3 月至 4 月，被告人廖某伙同刘某某等人在明知大通湖水域禁止捕捞底栖动物的情况下，商议组织人员来大通湖水域捕捞螺蛳，由廖某望风打招呼负责安全，刘某某负责收取保护费后两人平分。后两人唆使王某、路某某等人在大通湖水域捕捞螺蛳，并收取 150 元 / 人次的“保护费”，

沿着大堤来巡湖

共计 3000 余元，其中廖某分得 1000 元、刘某某分得 2000 余元。2018 年 4 月 11 日 0 时许，路某某、曾某、王某、聂某等人在湖内捕捞螺蛳上岸后被公安机关现场查获，公安机关当场扣押路某某捕捞的螺蛳 595 公斤、曾某捕捞的螺蛳 760 公斤、王某捕捞的螺蛳 440 公斤、聂某捕捞的螺蛳约 840 公斤。大通湖区人民法院再度对此案立案查处：认定被告人廖某犯非法捕捞水产品罪，判处有期徒刑 6 个月；认定被告人刘某某犯非法捕捞水产品罪，判处有期徒刑 8 个月……

此外，大通湖区公安分局、人民法院还查处了两例违法销售和使用含磷洗涤用品案。

在法律的亮剑行动中，共抓获违法人员 50 人次、刑拘 18 人，办理破坏生态环境公益诉讼案件 4 起，办理破坏环境资源犯罪 4 人，关停涉水企业 8 家，关闭大型生猪养殖场 2 家。同时，围绕这一泓碧水，各级纪委、监察委严肃查处在水环境修复中不作为、乱作为行为。2017 年 6 月，大通湖区纪委对大通湖水质持续恶化负有直接监管责任的区建设交通环保局、区农林水务局 4 名相关责任人予以立案调查，给予行政警告处分。益阳市纪委对大通湖水质持续恶化监管不力的相关市管领导给予了处分。

还有一种守护，叫胡安田。

胡安田 65 岁，1957 年出生，老家在沅江市草尾镇乐明村。30 岁那年，胡安田举家迁到大通湖农场一分场十三队。作为在大通湖边劳作了 34 年的半个大通湖人，胡安田亲眼看到了大通湖的种种变迁，对大通湖充满了感情。特别是看着一湖碧水渐渐变坏,如今又从上至下在为它的变好而努力，他就寻思着，自己要为大湖做点什么。

做点什么呢？“2016年，大通湖水环境治理工作开始启动。2017年，各种治理措施一条接一条发布，其中一条是‘禁渔’。不准钓、不准捕……还禁止往湖里灌污水、倒垃圾。反正，就是不能破坏水质。得到这个消息，我就想，十三队紧邻大通湖，我家离湖堤才900多米，平常有事没事都爱到堤岸走一走看一看……我来守堤，不就是为大湖出了一份力吗？于是，这年6月底，我找到村支书，要求上堤巡逻。支书同意了。就在第二天，一大早我就走上了堤岸。大湖吹了一晚的湖风，凉爽得很。湖面上阳光点点，很好看。想到这伴了我大半辈子的大湖，又将回到它原来的模样，我心里特别舒服。我沿着湖岸约3公里长的路段来来回回走，不知走了几个圈，没见到钓客，也没看到其他破坏湖水的行为，这才回家。吃过早餐，我又来到了湖岸边……”

这一天，胡安田老人除了三餐吃饭时间，都守在大堤上。看到有人垂钓，他就上去劝阻其离开。大多数人都很配合，但也有一些人不理解。一个来自附近沅江四季红镇的人说：“大通湖的鱼千百年都是这样钓的，现在怎么就钓不得了？”胡安田反复给他讲道理，说现在与过去不同，不让钓就有不让钓的理由……见一个年过60的老人为着一个湖，顶着太阳来劝说，那钓鱼的人被感动了，收竿离开。当天被胡安田劝走的垂钓者，有十几个。

之后每天，胡安田都会来到湖岸，守护大湖。

对胡安田守堤，家人开始是支持的，但后来他天天如此，家人也有些埋怨了。

胡安田以前种过甘蔗，种过棉花。后来，他只种水稻。当生态修复成为大通湖的一件大事后，他便用8亩稻田养了龙虾。8亩田的稻虾套养，加上其他农作物耕作，是需要时间打理的。他的老伴也有60多岁，身体不太好，加上近90岁的岳母长期住在家中，需要照顾。所以，胡安田上堤时间多了，老伴就有了意见，说："家里的事撒手不管，大堤不是你胡安田一个人的，为什么天天要去守？"胡安田便给老伴做工作。

2017年，胡安田在堤上守了整整3个月，直到再也看不到来钓鱼的和其他破坏水质的行为，他才减少了在堤上的时间。

现在，胡安田虽然没有天天守在大堤上，但他还是会不时去堤上转一转。当下时节，老人看到堤上修了休闲道，湖边的荷花长起来了，湖水也越来越清澈，他觉得自己做的一切很值得。

4

走上大通湖东大堤，我们前往北洲子金北顺纸业有限公司（以下简称金北顺纸业）。

“右手边是大通湖城区，左手边河对岸那茫茫的一片，就是漉湖了。”文章华介绍。漉湖在大通湖城区东南面，是飘尾洲隔出的一片水域，所辖河、湖、洲、浃总面积达23万亩，曾是东南亚最大的芦苇场。漉湖的“漉”，方言是“打捞”的意思，可见这里是一片鱼虾丰富之地。丰水季节，它与东洞庭融为一体，白茫茫汪洋一片。枯水时，大片湖草长出，满眼葱茏而湿润。一片浓绿之中，五门闸外一大片俗名为“鸡婆柳”的柳树，或横斜，或直挺，绿意盎然。

“这种绿不同于当年湖区发‘杨癫疯’时杨树那种铺天盖地的‘黑绿’。那时，站在大堤上一看，大湖四面，一大片一大片的杨树，看不到边。”

文章华说的发“杨癫疯”，是湖区的那段“黑杨岁月”。

黑杨全称欧美黑杨，是一种造纸经济林，于20世纪后期被引入湖区栽种。欧美黑杨生长快，最高可长到50米，3年可造纸，5~8年可做家具。欧美黑杨性喜湿，辽阔而潮湿的湖洲正是它的最佳生长地。当年引进之时，说这既是湖区的防洪林，又是湖区人民的血防林。饱受洪水与血吸虫之害的湖区人，见有这样的一种杨树，如获至宝。加上这种树木质纤维长、轮伐时间短，是造纸的好材料，在有关部门力推下，大家一窝蜂种植起来。初始时，效益果然不错，一亩林地能收入三五千元。种值成本不高，而且不愁卖，纸厂设点收购，应收尽收，并且树苗费用有政府补贴，有无息贷款支持。不出几年，全洞庭湖包括大通湖，黑杨栽种面积数十万亩，大有与洞庭芦苇抢地之势。

问题很快来了。人们发现，欧美黑杨栽种之处，树上百鸟不落，树下众草不生。黑杨所到之处，泥沙淤积，地表一年年往上抬高。有一年涨水，水淹到树冠，只见洪水旋成涡，搅动在一片“绿云”间，久久不散。很明显，欧美黑杨不仅不能防洪，还严重阻碍行洪。更可怕的是，欧美黑杨种到哪里，哪里就干。湿漉漉是湖洲的常态，走在其间，得穿雨鞋，但在黑杨林下，穿布鞋也能阔步而行。以前沾泥带水的地方，没有水和泥了。原来，每棵欧美黑杨的树根，都像一台大功率抽水机。

21 世纪初，千年湿漉的洞庭有了旱季。欧美黑杨种植之后，尤其如此。

“原来，欧美黑杨在跟湖区人抢水啊！”湖区人终于惊醒过来。

“上面也发现了这个重大问题。专家们的术语是，‘欧美黑杨密集生长，破坏了鱼类繁育场，让候鸟无处安栖，急剧加速了湿地陆地化’，”文章华话锋一转，“从此，前一届种，后一届砍，风行一时的欧美黑杨被全面清理砍伐。”

“一块地，生什么，长什么，都有它的定数，一窝蜂干的事，不是好事。”在北洲子一户人家的前坪，一位老人一边打理着他的瓜菜，一边道出他对这事的感悟。这种感悟包括对欧美黑杨，也远远不限于欧美黑杨。“要清理掉这几十万亩、百万亩的‘祸害’，谈何容易？”老人说，“我们这片地，不知动用了多少劳力，先用电锯锯，再清理残枝，砍下来的黑杨没有人要，纸厂停了，不生产了……砍掉的黑杨树蔸会再发芽，并且反复三四次，砍的人心烦，想骂娘。区政府着急，也忙，每天安排人员来林地巡查，派出无人机在湖区内天天巡查，监管哪些地方有黑杨又萌发新芽。砍过的地方，要修复。有的地方种植黑杨时，开沟抬垄，人为抬高了地面；有的地方因为干旱，没有了湿地的功能，需要人工修复。砍伐过的地方需要封沟育洲，挖出洼地蓄水……”

欧美黑杨之所以疯狂一时，是为了林纸一体化。当时，洞庭湖区域内造纸厂众多。

“我见证了欧美黑杨的栽，也见证了欧美黑杨的砍，还见证了造纸企业的关闭，”站在金北顺纸业废弃的厂房前，贺长云说，“我见证了这里发生的一切。”

2021年夏日的一个中午，太阳火球一样烧在天空，厂房外的机械设备也火一样烫手。厂区内，齐人膝盖的茅草四处疯长。茅草深处，一道道车辙似乎在叙说着金北顺过去的辉煌。

金北顺纸业的前身是1979年建厂的北洲子纸厂。厂子紧邻濂湖。依托洞庭湖年产100万吨的芦苇资源及后来大量种植的欧美黑杨，加上生产管理到位，一直产销两旺。2012年，企业发展成年产书纸5.1万吨、产值达3亿，能安排1000多个劳动岗位的大厂。2013年，眼看形势大好，企业追加投入3亿元，以实现10.2万吨的产能目标。就在这一年，史上最严格的环保执法铺开，公司发展遇阻。尽管公司也曾投入大量资金进行环保治理，如投入8000多万元进行污水处理，但终因造纸污染太大，公司的工业废水特别是用于蒸煮和漂洗的碱水经环保处理后仍不能达标，不得不停产停业。

贺长云多年摸爬滚打在造纸行业，入行之初在湖北赤壁一家大型造纸企业做销售，2012 年任金北顺纸业公司外销主管。

企业关了，销售人员不需要了，贺长云这才发现，除了熟悉纸业的销售，自己竟一无所长。今后的路怎么走？一次又一次，他徘徊在厂区内，看着那高高的烟囱，那些熟悉不过的流水线，回想在这里打拼的每一个日子，心境十分复杂，有留恋，有不舍，有茫然，但更多的是对湖、对水、对经济和生态从来没有过的思考。后来，他申请当金北顺的留守人员，一是看守企业一时无法处置的设备，二是监管厂区污水及四周居民的生活污水是否进入大通湖。他的薪酬由原来月入数万降至月入两千，有时难免失落，但他想通了。他说：“造纸确实挣钱，但是废水往大通湖灌确实不行，眼看一湖清亮亮的、我们小时候能喝的水黑了、臭了……自己也是罪人之一。我想，这就叫长痛不如短痛吧。强硬的政策，强硬的办法，都是为了使大湖变好，为了换来大湖子孙后代的幸福。”

贺长云一边说着这些，一边拔起脚下的一株芭茅草，然后手拿芭茅草面朝大湖方向而立。他的背后，是欧美黑杨退去后空荡荡的十万亩漉湖，眼前，是大通湖的辽阔水域——水的孩子面朝大湖，他知道了自己应当站在哪里。

肆

把水还给水

1

2022年5月，在完成大通湖首轮采访离开当地大半年之后，我们再次驱车，来到心之所系的大湖。这次，我们的主要目的地，是环大通湖岸线的沅江、南县。“还一湖碧水”是益阳举全市之力的叙事，它需要“集团军”的力量，大通湖区委、区管委会是这场战役的主力，邻湖沅江、南县两县市的协同作战也不可或缺。

沅江市草尾镇是我们的第一站。

草尾是个很特殊的地方。它一手牵紧南县的茅草街镇，一手挽着大通湖的千山红镇。境内三湘四水之两水——沅水、澧水流过。南面的赤磊洪道（草尾河），是大通湖淤沙成洲之起点。明清时期，这里还是青草湖，民国时期筑堤成垸。

到草尾，时辰不早了。西边的太阳已经落下，沅水、澧水上耀眼的金黄渐渐被水雾盖了。当暮色笼罩大地，湖区的潮湿感、苍茫感愈显浓烈。小镇次第打开的灯火，仿佛渔舟上的光亮。

草尾镇镇长王京披着暮色站在我们面前。他从五七运河的工地上而来，脚上的泥土还没来得及冲洗。

“五七运河是草尾直连大通湖最大的河，从某个方面来讲，是大通湖水质的重要污染源之一，我们丝毫不敢轻慢，”王京的话题，围 绕着五七运河的一连串问题开始，“爱民闸一带临河而居的19户人家要搬迁。怎么搬？他们在这里已经住了50年。如何控制或尽可能减少来自两岸数万亩稻田的污染？两岸数万人家的生活污水如何处理？几十里河道中的人为垃圾、自然而生的油葫芦等如何拦截？怎样彻底清理干净？暴雨内涝，闸门开不开？开不了怎么办？……作为最基层的一级组织，我们的工作不是在纸上、在会议桌上，而是在一滴滴水、一坨坨土、一道道闸、一个个人、一户户人家！而世上的事，说起来容易，做起来很难……”

确实难。

爱民闸附近 19 户人家的搬迁，让相当一部分镇干部踢破了脚指头。沿河养殖的退出，把不少人的嘴巴皮磨破了。

王岳飞是乐园村的村支部书记。

“我原来在乡里电线厂当领导，1996 年自己拣个牛轭往脖子上挂，回来当支书。前些年还好，这几年大通湖水质治理一搞，脱了几身皮。”次日上午，我们一见到王岳飞，他快人快语地说开了。

“乐园2920号人，912户，水田6000多亩，沟渠六横一纵，全与大通湖密切相连，控制农业面源污染，种绿肥，控农药，疏河道，清垃圾，生活污水过滤……哪件事都重要，连着大通湖的事都重要。重要的事，就得好好做——怎么做？党员先上，村组干部先上。前年7月大雨，我们冒雨把挖机开进了沟渠，五六十号人全扑在河水里，疏渠、捞垃圾、守闸，为的就是雨水顺利行洪，为的是污水不排往大通湖。”

湖区太阳的暴烈，用邓中军的话说，叫“毒”。四面空荡，铺开就是一大片，如果不是在河堤上，找个遮阴处都难。风少。有风也不能算风。一马平川而来，带刺，火辣辣、滚烫烫，扎人。所以，当60岁的邓中军开着一辆农用三轮车，顶着日头沿着大寨渠向我们走来时，我们身上大汗淋漓，心里翻动的，是火辣、滚烫、感动及难受。

大寨渠是四季红镇一条主渠道，通往大通湖。

河道也是四季红镇的一条主要走道。

肤色黝黑、沟壑纵横的脸上，看得出湖风与烈日下手很重。邓中军是数万个走在大寨渠上的四季红人中的一位。

那年，邓中军被查出患上肺癌。几乎同时，大通湖水质修复的战役打响。村上大会小会不停地开，“截污、疏浚、

退养、添绿、活水”什么的反复说，他没在意，甚至也没有去想，这水质啥的跟自己有多大关系。他想，自己就一个养鸭子的，养了多年，从100只鸭开始，到后来3000多只，效益不是那么出色，但对付过一家人的柴米油盐，还能有一些积蓄。养鸭好，特别是住这大通湖边，天赐的好饭碗。开门就是池呀塘呀，一垄一垄的田丘连丘、片连片，哪一块地不是鸭子的天然刨食地？他本想着养点鸭、种点田，晚年的日子稳妥妥的，可哪想到，60岁将满的前一年，变故发生了。邓中军感觉身体有点不对劲，人没力气，咳，不很严重，早起有浓痰。他以为是抽烟的缘故，于是不抽烟，仍不见好转。后来去医院检查，医生看了，说情况不好，建议到省医院复查。过年后，邓中军跟亲友到长沙，这下才知道遇上了大麻烦：这小咳小闹的，竟然是肺癌！一时间，邓中军感觉天塌了，不知自己是怎样走出医院的。后来，邓中军开始治疗，所需费用，还是来自几十年养鸭所得……

经历了这样的事，人鸭之间，便有了生死相依之情。从长沙回来，邓中军边吃药边继续养鸭。相比以前任何时候，他养得更用心。可是——生活总是这样——这时村上、镇上的干部上门来了，说按大通湖水质修复要求，沿湖一带必须退养，鸭子不能再养了。邓中军懵了：什么？不能养了？我就是一个养鸭的，养了几十年鸭，也只会养鸭，不养鸭，我干什么？再说，得了这个病的人，还能干什么？这么多鸭怎么办？3000多只呀！他有些火，当场就跟干部们吵，说“不让我养鸭就等于让我死”。他吵，村镇干部也不恼，还是讲道理、讲原因。

“邓哥，退养不是针对你一个人，凡大湖边的都得退。”

“邓哥，你的处境我们能体会到，你对鸭有感情，这些年来还有现在，都靠鸭生活，但是上面这样要求，也是为了大湖边的人有更好的生活，为了我们子孙的生活，你要理解、要配合、要支持。”

“邓哥，为什么要退养？为的是这大湖水质，我们也不能老让它黑着，臭着，对不对？老这样下去，我们的下一代，你的孙子孙女就会骂我们这一代的娘。”

说来说去，邓中军不好说什么了。“孙子孙女”几个字扎中了他：我们是得给儿孙们留一湖好水啊！

五月初五是小端阳，大寨渠里涨了一河水。水退后，邓中军开出小电三轮，用鸭笼装了鸭子，上了大寨渠。之后连续几天，或早上，或黄昏，各家各户的人还没出门，大寨渠两岸道上就传来“卖鸭卖鸭，仔鸭、老鸭都便宜卖咧，20 元一只咧”的叫卖声。声音并不敞亮，甚至可以说夹杂着几分无奈、酸楚，但人们听着听着，听出了悲壮和伟大。

听得心疼，彭湛姣连续买了几只鸭。

彭湛姣开了家农资店，在大寨渠与大通湖大道的岔口处。当年柘溪修建水电站，安化烟溪一带移民搬迁，她父母来到了四季红。彭湛姣在四季红出生。前些年，她筹资开了这家店。店所在的位置恰好是大寨渠四季红段出口。当大湖水质修复行动启动后，她每天坚持打捞从上游汇集至此的各类垃圾。她想，大湖的水是大家的水，作为一个小店主，自己能力有限，也就这样尽点力吧。多买邓中军的几只鸭子，从某种意义上说，也是一种尽力。因为，邓中军也是在为大湖作牺牲。

南县的青树嘴、明山头、乌嘴一带，深深感动我们的，是大湖儿女的另一种牺牲——

“连日暴雨的那些天，瞿海书记坐镇大通湖区管委会指挥、协调及监管大湖外沟渠往大湖排水，为水位上升而焦虑不安的时候，我们镇的同志们也同样焦虑不堪啊！”青树嘴镇一位镇干部介绍。

青树嘴是当年围湖造田而成。清末，因其洲上有大树数十株，来往船只上的人能远远望见，故得其名。青树嘴位于大通湖西面，属南县管辖。镇内有沱江流过，渠道 17 条，其中 11 条直连大通湖。

“如果说大通湖是洞庭之心，那么沱江就是青树嘴连着大湖的动脉，一条条沟河，可以说是大湖的一根根毛细血管，”镇干部说，“为了确保大湖不再受污染，镇上做了很多工作：减少农业面源污染，1000 米绿带禁养、禁钓、禁燃、截污，人居环境改造及改厕，等等，哪一个方面都不敢懈怠。”

“比如 2019 年，为减少农田化肥用量，全镇投入能供 2 万多亩稻田用的红花草种子供农户使用，动员退出养殖面积 4000 多亩。但是，有一个问题，却一直没有办法解决：镇域内水多，我们不知道怎么办；镇域内缺水，也不知怎么办。青树嘴水位常年高于大通湖水面 5 米。俗话说‘水往低处流’，为了大湖水质，眼看垸内涨水被淹，却因水质无法检测或者说水质不达标不能开闸往湖里排。缺水的时候，却要保证大通湖的水位——水草生存的最低水位，不能从湖中放水。青树嘴是养殖大镇，鱼、虾都少不了水。于是村民就有怨言，称这是‘落在水眼子里却缺水’。

“村民的困难，我们感同身受。但是我们知道，在还大湖一湖碧水的大局面前，我们只能尽可能解决实际困难：一是科学利用和调配镇域的水资源，二是在符合要求的前提下向大湖小容量排水或者从大湖小容量引水。如果实在无法调和，就给村民做解释疏导工作，切实保证一方稳定。”

“还是村民好啊，”这位镇干部感叹，“无论多么恶劣的情况，青树嘴人从没有闹过，总是个人作出牺牲，服从政府的统一安排与调配。”

乌嘴乡也处在大通湖“锅底”，乌嘴人付出的，与青树嘴人一样多。

养殖是明山头镇的主业，很多户农家特别是临大湖最近的几十家，几十年没有种过田，当大通湖沿湖一公里要成为绿带，在此范围内的所有养殖必须无条件退出时，没有了鱼、虾、鸭、鹅作为生计，他们的路如何走？三立村是南县明山头镇的一个大村，全村3700多人，水面3800多亩，村境线相当一部分就是大通湖的堤岸。村上大部分水域，养的都是鱼、虾、蟹，少量种稻谷和莲藕。村上流转出去的约1000亩水田，也是赫山区八字哨一孙姓老板在养鱼、虾。这样的村庄，这样的种养结构，对水的需求就更敏感了。可是，排不能排、放不能放，他们怎么应对？种种矛盾复杂纠缠在一起，成了一个村、一个镇的大难题。然而，再难，明山头人也只是短时间茫然与埋怨，然后选择放弃自身利益，将“还一湖碧水”摆在最重要的位置。

这一份总结文字，是这场“兵团之战”的精准记录——

先看益阳市委、市政府：

> 益阳市委、市政府明确提出，大通湖水环境修复是系统性的。市委书记瞿海多次来到南县、沅江两地，来到两县市的青树嘴镇、乌嘴乡、明山头镇、四季红镇、白鹤堂村等邻近大通湖的乡镇村庄，深入调研与精准施策，督战两地“坚持河湖一体、水陆共治”。市长张值恒多次来到大通湖、沅江和南县交汇处五七运河、四季红镇北

河口电排、河坝镇南到口入湖口等地，督战退养、黑臭水体治理、造纸企业退出等工作，组织打好大通湖水环境综合治理“组合拳”。

再看沅江：

沅江市与大通湖唇齿相依，大通湖流域沅江片区有四季红、黄茅洲、草尾、阳罗洲等多个乡镇。怎样在大湖复绿的行动中，彰显沅江担当沅江作为？沅江把四季红镇、草尾镇、阳罗洲镇、黄茅洲镇等乡镇列入大通湖流域综合治理范围，制定了九项环境监管措施。比如，禁捕、禁磷。全面开展农村人居环境整治，完善乡镇污水处理设施及配套管网建设，全面推进“厕所革命”。2019年到2020年，沅江大通湖流域乡镇完成改厕计29753户，完成镇级黑臭水体治理6条。实施引水济湖，建设河湖连通工程，开展流域内河湖沟渠清淤疏浚，对四兴河进行综合治理，扩建爱民闸，疏挖四兴河4.5公里。开展沟渠疏浚专项行动，采取生态措施提升沟渠塘坝等小微水体。2020年，临湖乡镇共清理湖面水葫芦14950吨，清理湖面漂浮垃圾1857吨，湖岸线生活垃圾、直排垃圾约10522吨。完成了大通湖流域生态廊道建设96公里，完成入湖口爱民闸、四季红镇大寨渠、河口湿地等多处湿地生态修复工程。加强农业面源污染治理。沅江市大通湖流域乡镇年完成种植绿肥6.9万亩，完成农作物病虫害统防统治面积25万亩。多家养殖场退出或改造升级。精养池塘改造升级已完成1.07万亩。四季红镇70.24亩池塘退出精养。特别是，沅江市严控北河口和爱民闸两个入大通湖口的水质，并建立入湖口水质定期监测、预警机制。每月监测1次，及时预警，尽可能不排放或者不达标不排放。两个入河口水质由2019年同期的劣Ⅴ类改善至2020年4月的Ⅳ类。2020年1月至4月北河口主要污染物总氮较去年同期下降了52.7%，总磷下降了42%，爱民闸总氮较去年同期下降了41.7%。五七运河（三县区交界段）也由去年的Ⅴ类改善至Ⅳ类，主要污染物总氮、总磷浓度有较大幅度下降。

完成以上工作任务，沅江的主要做法是，按存在问题、任务及责任列成工作清单，压实到乡镇、部门及具体负责人上。如，生态环境部门负责生态修复项目；农业部门负责农业面源污染防治、畜禽水产污染防治等项目；水利部门负责水系连通、塞阳运河防洪及岸线整治等项目。农业农村工作局2021年的任务有“完成农作物病虫害统防统治面积25万亩”。四季红镇的任务有“完成四季红镇农村居民生活污水处理工程。集中成片采用一体化污水处理设施处理，达到一级A排放标准；分散居民采用四格净化池处理”。“配合生态环境部门全面清理各类工业企业（包括涉水‘散乱污’企业），按照关停、限期整治等措施，分类整治”，则是草尾镇大通湖水环境修复工作任务中的30项任务之一。与此同时，沅江市委、市政府对工作效果进行严格考核，对年度考核排名第一的市直单位和镇，市委、市政府给予5万元的奖励；对排名最后的市直单位和镇，主要领导不得提拔重用，由市委、市政府主要领导约谈。

对以上工作，沅江市委书记杨智勇这样说：“沅江地处南洞庭，我们一直着力于做好水文章，而大通湖在我们沅江党政领导及沅江人民心中，是具有同等意义的重要篇章。”

再看南县：

南县根据大通湖流域水环境治理任务清单，强力推进各项工作。县委、县政府主要负责人先后多次组织大通湖南县流域水环境治理现场调研、调度会；组织编制《大通湖湖泊南县流域水质达标方案》，明确具体的工作任务和实施期限。

截污攻坚方面：推进城镇生活污水收集处理，大通湖南县流域所有乡镇污水处理厂及配套管网全部投入运行，出水水质全部达到一级A标准。

大型养殖退出方面：严格执行畜禽养殖退养政策，推进畜禽养殖粪污治理整治提升，推进精养鱼池塘退养，全部完成临大通湖1000米范围内精养池塘11154.48亩退养。

农业面源污染治理方面：推进农药零增长行动，完成农作物病虫害专业化统防统治32.3万亩、推广病虫害绿色防控技术14万亩的任务。推进化肥零增长行动，推广测土配方施肥面积77.6万亩，完成水肥一体化面积0.31万亩、绿肥种植面积23.6万亩。

生态修复方面：加强通湖沟渠的生态修复工作，维护好沟渠内原有的菖蒲、菰和菹草等挺水、沉水植物物种，形成天然湿地。开展乌沙渠整治，拆除28处矮围及附着物并进行沟渠疏浚，实现乌沙渠、大通湖及沿线乡镇的水系连通。重点推进苏河湿地建设，发动群众种植并维护好苏河两岸莲藕和高草，目前苏河两岸已形成长2000米、宽50米的天然湿地。通过构建生态沟渠、生态浮床、人工水草、滨岸带立体植被体系等系统对通湖渠道进行生态修复，构建入湖口人工湿地系统，包括沉沙池、吸附功能材料带、高密植植物床等单元，有效去除沟渠水中的氮、磷、COD（化学需氧量）等污染物，改善进入大通湖的水质，减少入湖污染负荷。加强水面漂浮物清理。大通湖沿线各乡镇每月对辖区内沟渠水葫芦、沿岸垃圾及各类漂浮物进行清除。设置入湖口拦网，大通湖沿线各乡镇采用“钢管+铁丝网”的方式完成了入湖口拦网的设置。

全面禁捕方面：落实“雪亮工程”建设，在直接通湖河渠的入湖村道新增视频监控点位12处，接入“雪亮工程”，明确了专人开展视频巡查值守。对大通湖周边非法捕捞、违反禁航禁捕规定的行为进行处置。开展“禁磷”行动，组织开展了大通湖流域洗涤用品专项整治行动，对全县范围内洗涤用品的种类、使用行业、主要品质、重点领域等进行全面摸排，重点针对南县辖区内制售假冒伪劣高含磷洗涤用品窝点、重点行业、重点区域实行靶向整治。

2

人与自然，总有一个结。这个结，千百年没有谁能解开。相互依靠，又不时对峙，纠缠、攻守、进退，握手言和、分道扬镳……种种桥段，从来就没有停止演绎。原因很简单——生存是人类的刚需，自然有自己的法则。对大自然来说，鸟儿落在哪一个枝头，鸡婆柳上落下的为什么是一只白鹭，而不是一只乌鸦，风又为什么停留在桃花、李花的花蕊上，而只从人的发际掠过……一切都似有定数。又比如，当这一滴水而不是那一滴水，离开积雪的山顶，一路奔流融入洞庭，来到大通湖，其路径就是它的法则、它的方式和节奏。人类为了生存和发展，却常常试图打破这种法则，试图改变其方式和节奏。

“打破或改变本身并没有错，我们错的，只是不应当急躁、贪婪，”文章华认为，“现在，当大湖水质坏了，当人们发现自己的生活受到污染的影响与威胁，回顾大通湖这些年走过的路，有人将问题的根源归结于当年大规模围堤垦殖，归罪于农垦工业的兴起，说这是‘对生命之水的亵渎，对大自然的破坏’引来的‘报应’。这话对，也并不全对。”

时隔半年，再见文章华，这位《农垦春秋》的作者依然认为：“自然环境固然重要，渔歌互答，‘风帆满目八百

护眼睛一样爱护湖

里’，不染纤尘的渔家生活是人们希望拥有的。但在当时的环境下，在洞庭常年‘诸水横溢’、湖区人民常年受水患之苦时，吃饭是不是更重要？活命是不是比什么都重要？”

他从带来的史料中随手翻出几例佐证：

> 1917年夏初，淫雨连月。江水泛涨，堤垸多处溃决。自天成垸南抵洞庭湖，直近百里，横数十里……自光复垸抵大通湖，东西三十里，南北二十余里，四顾茫茫，汪洋一片，春苗秋实，颗粒无收。（《大公报》）
>
> 民国二十年（1931），长江流域暴雨，水灾殃及鄂、湘、赣等7省205个县，直接死于水灾的人数达145万，大通湖死亡数万；民国二十四年（1935），长江大水，江堤溃决，刹那间大地陆沉，民舍灭顶，千里扬波，人畜漂流。人民不死于水者，亦多死于饥者，竟至人剖人而食。（《荆江大堤志》）

据记录，大通湖地区近百年有25年发生过大洪灾……

“这种情况下，我们的先祖们不筑高堤垸，不在水退后夺回失地，又种稻粮，难道坐以待毙？！再看现在，没有一代农垦人的付出与牺牲，没有这堤坝，没有这几十年来的奋斗，又哪来大通湖当下的繁荣和大通湖人生活的富足与幸福？！”

文章华的观点，是相当一部分人的观点。

“过分地强调自然至上，这是自然主义者，而不是环保主义者，”湖南省生态环境厅的一位生态专家说，“自然主义者对工业文明拒而远之。就拿生态文学来说，比如作家苇岸，他就止步于现代进程之外，总以往昔的陌生面貌出现在世界面前。他眼前的‘大地上的事情’，就是蚂蚁搬家，榆树叶如何被风吹散，‘麻雀在地上的时间比在树上的时间多’。‘想做人类的增光者’，却陶醉于做‘汉语世界里最后一位孤独的放蜂人’。梭罗也是，他的《瓦尔登湖》实际上是一种对时代的逃避。”

鲁迅文学奖得主刘大先也明确表示，反感“陈旧而单维度的生态文学，它们往往把前现代的田园、家园、故园，作为思想的归属地，弥漫着一种对于工业、科技、城市化与复杂化生活的蔑视与恐惧”。“事实上，没有人工开挖的大运河，哪来京杭地区千年的繁荣？莱茵河如果不作为工业运输大动脉，又哪来西欧社会的现代文明？”

在自然面前，人到底应当站在哪里？

益阳市生态环境局的一位专家认为：“敬畏自然，同时又强化人类自身的存在，人与自然的和谐共处、共生共享，就是在人类社会的进程中，在政治、经济、社会的发展中，正确、科学地领悟‘绿水青山就是金山银山’的深刻内涵，创建天人合一的幸福家园。具体到大通湖，就是既不否定过去，又要正视现实，怀抱着对美好生活的向往，以诚心、初心修复与水的关系，与水站在同一方，重获农垦人及他们的后代们与水的和谐，与水共生、共享。”

现在，当大通湖人把“湖”还给湖，把“水”还给水，他们自身生活的富足与幸福何以持续？

“湖里的网拆了，湖岸的猪、羊、鸭退养了，”面对我们提出的问题，大通湖区管委会一位领导坦言，“确实，新的问题来了。千百年来老百姓靠山吃山、靠水吃水，现在湖不能下、鱼不能捕，好多一直‘吃’大通湖的人，闲了下来，处于失业状态。湖边一公里一刀切禁养，养殖户何处去？要知道，养殖场的投资不是小数目，不少养殖户刚从非洲猪瘟的打击中喘过气来。以种植为业的农户呢，棉花不能种，稻田因控制农药、化肥而产量减少。企业也有意见，生产了多年的厂子，糖厂呀，纸厂呀……都关停了。整个大通湖地区，唯有一个乐康制药保持了产能。少了企业，老百姓就少了一条富路。民生问题、发展问题、生态问题，再一次打成了结。”

“如何解开这个结？”大通湖区的领导说，“我们认定，产业转型升级成了大通湖重要而又迫在眉睫的问题。”

是的，必须实现产业的华丽转身。

因为，没有新的产业，一方土地的福祉就无从谈起。

“人民对美好生活的向往，就是我们的奋斗目标。”为中国人民谋幸福，为中华民族谋复兴，是中国共产党人的初心和使命。从对大通湖提出“三减一增”和“退养、截污、疏浚、增绿、活水”十字方针始，党的各级领导从来没有忽视大通湖区的产业发展。2019年10月，时任中共湖南省委主要领导专题调研洞庭湖区生态文明建设和环境保护治理情况，指出：“这些年洞庭湖保护与治理工作所取得的成效，离不开湖区广大群众的大力支持，一些群众甚至牺牲了个人利益。下一步，我们要在打扫好‘战场’的基础上，认真研究发展什么、怎样发展的问题，探索走出一条洞庭湖区高质量发展的新路子，不仅要鸟多、鱼多、草多，还要让湖区老百姓腰包里的钱更多，让大家有更多获得感幸福感。”2020年湖南两会上，当代表和委员们热议大通湖水环境修复时，时任省委主要领导来到益阳代表团，指出“益阳要做减法也要做加法”“减法要坚决、加法要提速”——无论是“减法”还是“加法”，落脚点都是民生。

民生的突破口在哪？

人民就是江山。人民是历史的创造者。

净化种植尾水，是减少农业面源污染的得力手段。减少农业面源污染的同时，有没有办法从田里收获更多？千山红镇的水稻大户们琢磨开了：草是天然过滤物，对氮、磷还有良好的吸收作用，在稻田中挖沟渠种草怎么样？

想到便试，结果效果不错。

接下来，又想：草是鱼类的天然食品，田里不打农药，是不是可以养鱼、养虾呢？

一试可以。既然可以养鱼虾，养蟹也应当问题不大，蟹对饲料的要求还低。

再试也行！一亩田能产虾200斤，单项收入有1000多元。蟹产量少点，但售价高，收入也非常可观。还有，没打农药的稻谷价高、好卖……

踩着一垄稻浪，熊姣军向我们走来。

“小时候忙双抢（农村夏天抢收和抢种庄稼），唯一的感受就是太累了，只想着好好学习，长大参加工作，再也不要回到田里来，双脚不要再沾泥水。”熊姣军这样对我们说。

长大后，熊姣军果然离开了农村，有了稳定的工作及不薄的收入。2010年，在外打拼的第6个年头，小时候去城里寻找诗和远方的梦想得以实现。她在苏州购置了新房，并将公公婆婆和女儿接了过去。没想到，就在此后不久的一个周末，她受朋友之邀去看了一个农场，自己的生活轨迹竟然来了个大转弯。“农场在太湖边，面积很大，稻禾一片青秀，瓜果葱茏，所用劳动力少，几乎全部机械化，制秧、插秧、施肥、收割一条龙。种植力求全有机，稻谷和果蔬价高，还抢破手。看着看着，我想起了大通湖，想起了它广袤宽阔的田野正适合流转经营及集约化、机械化生产。非常奇怪，小时候一心想离开农田的我，在城里立下足后，却闪现出回家创办生态农场的想法。”

此后不久，沉浸在生态农场梦中的熊姣军毅然卖掉苏州的房子，带上300万元房款，回到了大通湖，流转经营千亩稻田，开始了她的生态农业之路。

创业之初，熊姣军开办了一家利用禽畜粪便生产农家有机肥的肥料厂，这样既能解决牲畜粪便污染难题，又能减少化肥使用量，从而减少农业面源污染，为大通湖入水截污。

这是一段艰难的日子，除了丈夫，家里没有谁支持她。为了节省成本，已很多年没有从事过农作的她为客户配送、运货。她和丈夫两人亲自上，一袋肥料百来斤，她深吸一口气，扛上肩就走。这种拼劲与扎实劲，赢来了肥料厂的产销两旺。在此基础上，熊姣军将公司扩建为宏硕生物科技有限公司，业务铺开成粮食、水产、蔬果等多个板块。

“粮食怎么种？传统种法肯定难有好收益，千百年来中国农民面朝黄土背朝天到底换回了多少，就是证明。我们搞起来‘稻+虾’套养、‘稻+蟹’套养，先对稻田进行改造，加高加固田埂，开挖虾沟和厢沟。田埂高于田面将近一米。田埂四周开挖深约1.5米、宽约3米的围沟，田中开挖十字形田沟。沟渠种植水草，能净化水质、减少农田排放、减少水肥流失。同时，稻田干的时候，或者水稻生产过程中如收割时，虾蟹能有地方活动。与此同时，四周设立防逃墙，进排水口设立防逃网，竖立稻草人，投毒灭鼠，撒施生石灰杀灭虾蟹的水生天敌。之后，种植水草。水草要占水体面积的60%左右，沉水水草约60%左右、悬浮水草约40%进行搭配。品种可选择轮叶黑藻、伊乐藻、苦草等。水草能为虾蟹提供生长的植物性饵料及动物性饵料（培养微生物），同时起到吸附吸收水体富营养、净化水质、调节水体环境的作用。

投放喂养分春秋两季。春季投的主要是幼苗。秋季投放时，利用冬闲喂养增加育肥时间，次年4—6月起捕上市。饲喂、疾病防治等每一个环节，都要细心。还有，水位控制也很重要。生产实践证明，虾蟹品质等级与水位深度成正相关。比如，3月至4月上旬，要提高稻虾田水温，方便小龙虾出洞觅食，同时宜降低水位，将大田水位控制在0.1～0.2米，虾沟水位控制在0.4～0.5米。水稻返青至拔节期，前期适当蓄水0.1～0.2米，让小龙虾进入大田觅食，后期以露田为主，兼顾水稻晒田控蘖需求，以利于水稻生长。8—9月，水稻进入孕穗期和开花期，可提高蓄水深度，大田水位蓄至0.3～0.4米。9月水稻进入乳熟期，可逐步降低水位露出田面，迫使小龙虾进入虾沟，为水稻收割做准备……更重要的是，虾蟹成为稻田的清道夫，蟹的排泄物又成为稻田的肥料，水稻生产不再用农药，稻田得以减少20%的化肥用量，形成了'虾蟹吃昆虫，粪便还田，产了绿色稻米，虾蟹又卖好价'的良性循环。"

春种一株稻，秋来十里香。熊姣军的付出换来了回报。

如今，宏硕生物科技有限公司的种养面积已达8000余亩。一亩稻田所获由原来的1000多元提升到3000多元。湖南农业大学、华南农业大学、上海海洋大学等高校在此成立了院士工作站、国家水稻产业专家工作站和河蟹现代化养殖基地，陈元伟等6位博士、硕士在此扎根，书写新一代中国青年"大地上的论文"。2020年，熊姣军被中共湖南省委、湖南省人民政府授予湖南省"劳动模范"荣誉称号。2022年1月，熊姣军被湖南省妇联授予湖南省"三八红旗手"称号。

"朝阳初升的时候，12.4万亩大湖的水汽从西北边漫来，我披一身晨曦，看一群群浑身紫红的小龙虾在田沟里大摇大摆，一只只穿一身铁青色'战袍'的螃蟹舞着大钳子横

大通湖大闸蟹科技示范园

着走海路，我有一种天人合一的感觉。”山河辽阔，人间值得。熊姣军抱着一束金黄的稻穗站在田间，抒发她对家园的热爱、对土地的深情，笑容如阳光一样明亮和灿烂。

大湖的儿女不只有熊姣军。

仅千山红镇，“稻 + 虾”“稻 + 蟹”套养面积达 5 万多亩。以平均每人种养 5 亩计算，就有 1 万人参与其中。

正是因为这成千上万的大通湖儿女的参与，有这风里雨里、雪里冰里、春夏秋冬里不懈的努力，才有后来每一个以毫克为单位的大通湖水质指标的改善。

2019 年大通湖区金盆龙虾美食暨乡村音乐节喜迎八方游客

这是后话。

说到水草。大通湖区委领导认定，“发展水草种植，是解决大湖水质，也是引导农民种养殖转型、提升富足指数的不错选择”。

刘文一直是水草产业的推动者。2018年，为了获取草种及更全面获取水草种植经验，刘文率养殖大户前往江苏高淳、溧阳等地了解水草行情，最后选定江苏大型水草养殖公司亚柏水乡为合作方。经过三天的了解和商谈后，大通湖河坝方面提出，愿意在两年时间内无偿提供215亩水域给亚柏水乡进行水草研发种植，前提条件是两个：一是必须种植成功；二是给当地百姓做种养示范。不久，亚柏水乡带着20个水草品种应约前来大通湖，与大通湖生态投资发展有限公司合作，发展水草产业。

现任河坝镇党委书记曾勇，是力推水草养殖的接力者之一。他说："政府引导产业的转型，以水生植被的种植为主，发展水草产业，主要有以下几个方面的考量：第一，种植水草产生的效益是可观的。种植轮叶黑藻每年可以收获两次，6月收获每亩6000斤的鲜草，鲜草作为大湖种植的种苗，可以卖到一元一斤。到了冬季，还可以收获黑藻的芽苞做种子用，种子可以卖五六元一斤，每亩可收两三百斤。每亩的总产值有8000～10000元，除开人工及成本，纯利润在每亩4000元左右，比养鱼的效益高出一倍。第二，我们有现实市场需要，大湖治理每年都要投入鲜草与芽苞。我们把生态虾、生态蟹的品牌打出来后，老百姓也有需求，许多稻虾套养田里需要水草，它可以改善水质、提升水产品质，也可以为虾、蟹等提供相关食物及良好的生存环境。第三，国家对淡水资源的保护与修复越来越重视，淡水治理的过程当中需要到大量的水草。于是，我们将临湖1000米、涉及面积达6667亩的精养鱼塘退养，进行生态养殖，不投饲料，不投肥水，不投肥料。政府从生态转型支持资金中以每年每亩1000元的标准补助水草种养户。"

张建清是水草种植的积极响应者。

2019年，张建清推进沙堡洲村350亩地域流转给大通湖区湿地管理局进行生态修复。同时，他引导村民产业转型，组织100多户村民在大通湖广植蒲草、黑藻，在稻田中推动“稻+虾（蟹）”套种、“水草+”种植。“这一来，沙堡洲的水面就美丽起来了，”张建清介绍，“三四月，水草开花了。部分开在水下，部分长出水面。红的红，绿的绿，看上去很美。村上做‘水草+’的，收入提高了。种了草的湖池里，每斤约60头种虾入水，几个月过去，再出水时，大部分虾每只长到了3两，味道很好，卖价能达每斤80元。一亩水域可收入上万元。除去每亩4000元的成本，纯收入能有6000多元。”

“我从大湖生态的破坏者，成为大湖生态的修复人。”史少文从小在大通湖边长大，作为天泓渔业公司的中层管理人员，他曾带领一帮人在湖面围网养鱼、投放饲料，现在他跟随于丹教授的团队广种水草。

“以前那样做对湖伤得太深了，我傻乎乎地做了帮凶，”铁哥对过去的经历也感慨不已，“我曾经养珍珠多年。进入天泓公司，专干往湖里投放氮铵、磷肥之类的工作。现在我每天带二三十个人在湖里一边种水草，一边清理水葫芦之类的杂草，天天太阳晒，很辛苦，算是在归还欠大湖的。想到这是给大通湖子孙后代造福，我累并快乐着。”

今年51岁的邵史浩，养鱼已有11年。他说那时候养鱼，每亩收益大概3000元。为了有好的收益，让鱼快速生长，他做蠢事，常年投肥投饵，将产生的养殖废水直接排放到大湖里，成了破坏水质的帮凶。“2019年3月开始，大通湖区要求大湖沿线6000亩精养鱼塘全部退养，我服从要求，在政府指导下开始改种水草。刚开始我的抵触情绪比较大，因为种植水草既没草种更没技术。没想到大通湖生态投资发展有限公司的技术团队为我送来草种，签订水草包销订单，于丹教授的团队免费对我和其他村民进行技术培训。不到一年，我承包的30亩鱼塘种植的水草大获丰收，采收水草15万斤，当年亩均收入突破1万元，全家人开心得不得了。种植水草后，鱼塘的水质大为改善。现在，我们沙堡洲精养鱼塘的养殖户们全部改种了水草，95%以上的养殖户亩均效益都有8000元以上。”

2020 年，大通湖种植水草 3000 亩，实现产值 300 万元。

2021 年，产值突破 1000 万元。

至此，依据于丹团队强大的科研力量以及亚柏水乡的种植经验，水草种植在大通湖地区遍地开花，种植面积 6000 余亩。大通湖地区初步形成水底景观、水草出售的“水草 + 虾”“水草 + 蟹”产业模式。

还得再用一些数字，来礼赞“还一湖碧水”这一场美丽的蜕变：

> 重点区稻虾田沉水植物（伊乐藻）与本地水草搭配种植，每亩移栽伊乐藻 10 ~ 15 公斤。控制商品虾养殖密度。每亩投放 120 只 / 斤虾苗 35

公斤左右。稻田、塘池泼洒生石灰。90%的农户泼洒生石灰2次，10%的农户泼洒生石灰3次。

——《大通湖区稻虾尾水治理工作汇报》（大通湖区农林水务局）

成立化肥减量问题整改“百日攻坚”工作专班。前往浙江农科院、德清县学习化肥农药减量、鱼池尾水治理工作经验。聘请湖南农业大学技术团队对化肥农药减量进行指导。创建化肥减量增效示范片，聘请湖南农业大学唐启源、李有志、彭建伟三位专家教授对示范片的种粮大户进行农药化肥减量增效技术培训。全区示范片面积已落实配方肥面积12893亩。

——《大通湖区农药化肥减量工作情况汇报》（大通湖区农林水务局）

全面推行稻虾生态种养和绿色发展模式，聘请中科院亚热带农业生态研究所谢永宏教授制订全区稻虾尾水治理规划，并对全区养殖户分别开展了技术培训……区域内临湖1000米范围内精养鱼塘已完成退养。全力打造水草种植基地。全区已发展水草产业面积近3000亩。实施水生植被恢复工程，从中央深水区向岸线依次构建“沉水—浮叶—挺水”植被带，恢复挺水植被4000亩，恢复浮叶植物300亩，恢复沉水植物41865亩……

为保证大湖水生植被不受食草性鱼类啃食影响生长，共清捕杂食性鱼类 123 万公斤。完善入湖口及沟渠增绿举措，实施生态拦截。在已建的 4 个主要入湖口湿地及初步构建以挺水植物荷花为优势群落的湖滨沿岸带的基础上，全面完成大通湖湖泊缓冲带入湖河口湿地和入湖河渠增绿（水生植被恢复）建设工程，对入湖河口进行多级湿地改造，恢复湿地面积 2290 多亩。

池塘水草养蟹3200亩。渔光互补（种莲、种草、养虾、养蟹）3000亩。池塘鱼莲共生4600亩。稻虾综合种养13万亩……老三运河、五七运河、大新河、金盆运河等主要入湖口及沿岸湖滨带共建成湿地8000亩。大新河、南刬河入湖口开展生态修复工程，种植面积约500亩。渔场西电排、大新河口等入口，建立多级人工湿地2292亩。在14条河渠上湖3公里范围内进行湿地植物恢复及岸边整治等相关工作。临湖1000米内1.3万亩精养鱼塘全部完成退养和产业转型。主要入湖口大新河口238.5亩区域全部还湖到位。

——《大通湖区大湖水环境治理工作情况汇报》（大通湖区委、区管委会）

2020 年继续实施大湖水生植被修复工程，在上年基础上又成功恢复挺水植被 5000 亩；恢复浮叶植被500亩；恢复沉水植被3000亩……

——《大通湖水环境治理工作情况汇报》（益阳市生态环境局）

2020年，按照省第6号总河长令《关于开展大通湖流域综合治理的决定》，围绕“退养、截污、疏浚、增绿、活水”十字方针，以市级总河长为组长、大通湖市级河长为常务副组长、三区县（市）总河长任副组长及相关市直部门主要负责人为成员的大通湖流域综合治理领导小组，争取了省水利厅对大通湖流域综合治理“活水”项目的支持。着力于区域退养。通过仲裁依法解除大湖养殖使用权，实现大湖由政府管理，实现了全面退养。……沿湖安装监控摄像头44个，建成禁航禁捕红外线热成像系统，处理僵尸船115条，抓获违法人员50人次，刑拘18人，依法办理破坏环境资源犯罪4人。城镇污水管网建设实现全覆盖。完成无害化厕所全覆盖。对辖区内生产、销售、使用含磷洗涤用品的情况开展专项执法。调整农业产业结构，推广稻虾共生共养模式。实施沟渠清淤三年行动，疏浚大中型沟渠361条893.07公里，小微型沟渠2058条2798.89公里，清淤塘坝61座。实现大通湖水域与周边水系自然流通。加强河渠清漂清废，共设置拉截网45

处。实现河渠清漂2140公里。着力于大湖增绿。大湖水生植被恢复超4万亩。沿湖植被带修复超65%。完善入湖口及沟渠增绿举措，实施生态拉截，在已建4个入湖口湿地构建以挺水植物荷花为优势群落的湖滨沿岸带的基础上，全面完成大通湖湖泊缓冲带入湖口湿地及入湖河渠增绿。大力发展水草产业，种植面积达6000多亩。

——《益阳大通湖治理情况》（中共益阳市委、益阳市人民政府）

3

旗帜引领，科技支持。顶层设计，法律护卫。

或牺牲利益，积极退养。或响应号召，广种水草……

点点滴滴，汇成溪流。涓涓溪河，聚成湖泊。

从主政者，到实施者；从教授，到学生；从村干部，到村民……

一群数据，6 年奋进，2000 多个日日夜夜，数十万人的汗水和付出，终于，大通湖迎来她的高光时刻——

2021 年 6 月，全国第一批流域水环境综合治理与可持续发展试点总结工作现场会在益阳召开，再度获评“美丽河湖”的大通湖被定为会议现场。国家发改委地区司代表、全国重点流域治理省级发改委代表、第一批流域治理试点地区发改委代表参加会议，以大通湖为例，共同探讨流域水环境综合治理与可持续发展。这是对大通湖水环境修复工作最直接的肯定，是大通湖阵痛之后的幸福时刻。会上，益阳市做经验介绍，瞿海代表益阳市委、市政府给大通湖未来定位，正式提出将大通湖打造成“洞庭之心、水草之都”的口号，提出要让大通湖成为“百草花园”，使之成为一个集观赏、种植于一体的水草培育示范基地和湖光水色旅游胜地。瞿海动情地说：“这里是‘益山益水·益美益阳’，这里是凤凰涅槃

之后的大通湖，我谨代表四百万益阳人民、十万大通湖人民，诚邀各位前来看湖光水色，欣赏新时期渔乡的大美画卷，感受新时代的山乡巨变。”

是的，这是一幅画卷——

“水下沙漠变水下森林”，成片成片的水草，蓬勃在清亮亮的水中，迎朝阳沐晚霞，在久违的渔歌声中，尽情舒展它们的枝叶和藤蔓。12.4 万亩的大湖以及以它为核心的区域，正崛起成为中部地区生机无限的“水草之都”。青绿的水草，不仅是大通湖的风景，还被移栽到各地机关、各家池院，成为时代的新宠。有一天，它们还被从大通湖的湖水中移出，请上车，远程运送到韶山，栽种在毛泽东故居前的水塘里。从此，百年的红杜鹃、新时代的绿水草，在绿水青山的中国相映成画，讲述着一脉初心的故事，见证着一个时代的美丽蝶变……

更激动人心的，还有这么一天。

依旧是喧哗的银城，依旧是益阳市水文局静肃的检测室，时钟依旧“滴答滴答”在响，液体依旧摇动在器皿中，资水依旧奔涌，雪峰依旧南来。这一天，取样、检测、记录、统计……每一步都无比认真、细心、规范，直到完成全部程序。当一个个数据慢慢呈现出来，当再一次取样、检测、记录、统计，再一次核定数据，技术人员的脸色终于由凝重到放松，由紧张而兴奋——数据发生了巨变：溶解氧饱和率、高锰酸盐指数、氨氮……每一项指标，都大幅度好转！尤其是总磷，已降至0.097毫克/升！

此后，每一个年度、每一个时间节点，相关部门对大通湖水质做了多次检测，结论为：

2020 年，大通湖水质达到Ⅳ类标准。其中，12 月达到Ⅲ类标准。局部地区达到Ⅱ类标准。

2021 年上半年，水质保持稳定，数据持续向好。

2021 年湖南省生态环境警示片中，相关部门对益阳的环保工作，给出的评价是这个金贵的词语——凤凰涅槃。

佐证这四个字的，当然还有很多：比如总磷年平均值 0.097 毫克 / 升。水生植物多样性增加，达 18 种。水生动物多样性增加。鸟类多样性增加，发现常居鸟类 17 种，其中国家一级保护动物白鹤 6 只、二级保护动物小天鹅 4100 只、罕见赤嘴潜鸭 4 只。鸟类总数达 3 万多只。冬季回归候鸟约 10 万只。目前，大湖水草覆盖区域湖水清澈见底，国控断面水体透明度最佳时期高达 2.6 米。

大湖，又见碧水。

“船行大通湖上，湖水清澈透明，丛生的水草柔柔地在水底招摇，恍如‘水下森林’，让人心生欢喜。行至湖心，漂浮在水面的水草上，惊飞一群群鸟，它们一点也不怕人，在我们头顶盘旋。”“原渔场职工王秉昌特意带着我们去感受了一下老河口入湖口湿地风光，亭亭碧荷，现正零星地打着朵儿，点缀在这满眼的绿中间，有一种别样的韵味。与荷相映成趣的，是丛生的菰与一些叫不出名字的水生植物，风起，就像一幅流动的画卷，给人赏心悦目之感。”“船至湖心，他站起身来，取出一个量杯，从湖中舀一大杯水上来。阳光下，湖水清澈透明。”描绘这些画面的，是《益阳日报》的记者陈浩军、李伟。

《益阳日报》的另两名记者柏威、龚伟则借定居广州多年、端午节回老家的李伟铭之眼看大通湖：“……我们在大通湖新建的环湖公路上见到李伟铭时，他正在湖边赏景。初夏的早上，湖面清澈如镜，湖底水草摇曳，极目远眺，一群群水鸟正在远处嬉闹。”

《湖南日报》的记者李礼壹、张志华，通讯员易家祺在《誓还一湖清水——益阳市推进大通湖水环境生态治理纪实》的报道中这样描绘：“浅水湖畔，上千只小天鹅用粉红色的脚掌轻轻划着湖水向前游，它们时而俯下身悠闲觅食，时而引吭高歌；宽阔的湖面上，成群洁白的候鸟引翅拍水行进，像朵朵白絮随风漂流，水天相接处，是一片醉人的海水蓝……”

《湖南日报》另一名记者曹娴和通讯员黄勇眼前的大通湖，又是另一番景致：“10月9日，益阳大通湖，船行至深处，花鲢、白鲢不时跃出水面，丰茂水草摇曳多姿。往远处看，一大群黑白相间的水雉，在水草上栖息觅食，翻飞追逐。”

这一幅幅美丽的画面，是情景再现，是写实的今日之大通湖。

一切曾在昨天远去，一切又在今天回来。

2021年9月的一天，朱国志及他的几位老年朋友再到大通湖时，被惊艳到了。朱国志是北京大学数学力学系计算数学专业的毕业生。1969年1月3日下午，长沙城还沉浸在新年的喜庆中，他在长沙坡子街码头与其他近百名来自清华、北大、复旦、中山大学的学友登上了四面透风的小客轮，一夜远航，经湘阴进入洞庭湖。“起初还能看到岸上的几盏灯光，但很快，天空就像湖水一样黑，客轮里只剩下马达嗒嗒的声响，与船搅开波浪的哗哗声。”4日黎明前，客轮终于驶出洞庭湖，停靠在沅江县北、大通湖南的黄茅洲码头。

“这里是塞阳运河的起点。塞阳运河早前是黄茅洲通向漉湖的外河，1954 年冬围垦大通湖垸后成为内河，是沅江县草尾、阳罗、黄茅洲和大通湖范围内各农场农田灌溉和水运的主动脉。我们从黄茅洲登岸，从此开始了在大通湖农场的生活。

“记得当时，房子是用芦苇搭建的简易草房，地面上是硬化不久的水泥。寒冬腊月，地面湿冷，水泥地上只铺一层稻草。营地坐落在围垦不久的湖床上，水分从地底下渗出来。有一夜，洞庭湖下雪，很多靠近窗口的同学的被子都蒙上了一层雪花。

“在农场，我和我的同学们度过了近 10 年难忘的农垦时光。工余，我们会到五门闸散步，看到了当时湖乡人生活的艰苦，也看到了夕阳落在芦苇丛里，渔民划着小船在运河里捕捞鱼虾，割芦苇的人们聚集在帐篷里升起炊烟……黑压压的一片鸭子，在漉湖的水面上游荡，叫声响震湖野。

“真的，那时候的大通湖贫穷，但真的很美。后来，我们再来洞庭，再来大通湖，看到的是纸厂、糖厂高高的烟囱，及大湖的一湖死水。”

现在，朱国志和他的伙伴们又回来了。他说：“金盆农场工人俱乐部广场上依然是孩子们的篮球场，我在废弃的影院里甚至捡到了一节香港影星惠英红在 1992 年主演的电影《醉侠行》的底片，场内场外，真的都变了。这种变化与回归，是一种脱胎换骨，是物质世界发生质变后的新农场、新大湖、新生态……”

“兴奋！”益阳市生态环境局大通湖分局原局长尹波用这两个字表达对大通湖环境前后变化的感受。湖里乍见初生的成片水草嫩苗，粼粼波光中一群小银针鱼在水草间游动。“能不兴奋吗？银针鱼在这个湖里，至少有10年没有看到了啊！”新任益阳市生态环境局局长的梁成立，是在大通湖边长大的，出任过大通湖区区长。“小时候，吃鱼从不要买，划船过湖，水草缠着船……现在，我有幸作为环保人，见证这一切的回归！”他说话间，同样的兴奋之情溢于言表。

作为时任益阳市生态环境局局长，周卫星最真切地见证了大通湖的涅槃。他用“一切的付出，值得”这句话，表达他内心由衷的欣慰。

沅水中泡大的瞿海爱游泳。来益阳之后，他工作之余的爱好，就是下资江游个来回。“2017年五六月份，我用了两天时间顺着大湖走了五六十公里，我当时的感觉，它是一个大溺水缸。现在再去，看到鱼虾戏水，我都想跳到湖中去游几公里了。”在益阳市委常委会会议室里，瞿海欣慰地笑着，回忆起这6年多来大湖发生的一切。“比如说那年暴雨吧，多日不停，我坐镇大通湖，调度、指挥及监管，当时心里真急啊，既要控制不达标的污水涌入大湖，又不能不顾乡亲们的实际困难，整个人都在焦虑与不安中。只能一方面加大力量垸内疏浚，扩大垸内容量，蓄洪分洪，另一方面紧急组织对入湖水质的检测，在此基础上分时段、小排量开闸放水，以缓解雨水给垸内村庄带来的压力。就在我们积极自救时，天终于放晴了。意外与惊喜中，我们迎来了大通湖地区的丽日晴天。”

是的，一切都在改变。

在大通湖区区域图前，新任大通湖区委书记王新宇深情而坚毅的目光落在这里的河湖上。“在来大通湖之前，我在安化任县委副书记，见证了精准扶贫在安化的伟大实践。现在，我来到大通湖，我相信，我将是这个湖泊巨变的见证人，”他说，“2020、2021年这两年，大通湖水质总体评价为Ⅳ类。未来的年份，我们要保住这个指标，并写出更理想的数据。我们新一届区委、区管委会将大通湖的发展定位于‘两区一地’——生态农业、绿色发展示范区，乡村振兴、共同富裕先行区，农垦文旅融合、宜居宜业宜游目的地。为此，大通湖水环境综合治理仍是全区的头号工程。我们将把‘退养、截污、疏浚、增绿、活水’工作推向更深入，具体来说，首要是做好湖内生态修复降存量，其次是抓好湖外截污减增量……”

室内挂蓝图，室外是画图。

宏硕生物科技有限公司的千亩稻田中，抛秧机在穿梭，熊姣军一脸笑容站在田埂之上，目光在嫩绿的、迎风招摇的新禾间流连。

北洲子镇向东村，强农农机合作社负责人沈文超在指导种粮大户王辉操作无人机。“你这无人机是今年的最新款，我先教你飞几次，你再试试。”植保无人机一架次的最大载重为40升，可以对50亩水稻进行植保，一天下来可以完成近500亩水稻的植保任务，是人工作业能力的15倍以上。现在，植保无人机还可以自动测量面积，根据水稻生长情况精准施肥打药，既降低了生产成本，还助力化肥农药减量增效、降低农业面源污染、提高粮食安全性。

王辉在操作无人机的时候，大通湖的天空中有支由 50 架植保无人机组成的飞行大队正如春燕一般，起起落落。

大湖大地，皆生态廊道。大通湖区全面启动了生态廊道建设项目，计划 3 年内重点建设 11 条主要生态廊道，5 年内完成 326 条村庄道路和 1.944 万户农户庭院的绿化以及 5 个绿化示范村的造林绿化。2022 年 3 月 12 日，大通湖区、镇、村工作人员和志愿者 2000 多人走出家门，走到湖边，走到房前屋后、河道边、沟渠旁植树，10000 多株水杉、红枫、女贞、垂柳、樱花等树木在湖乡扎根。大湖边 3000 亩水草培育基地的岸边本来杨柳依依、树影婆娑，现在又栽种了 300 多棵红叶石楠、垂柳、水杉等。5 月，千山红镇大莲湖村，一块近 4000 平方米的湖滩上，技术员王伏安指导村民们栽种人工草皮：“一定要把草皮拍紧、拍实，不能留空，这是我们村第一片人工绿地,大家一定要保证草皮的成活率。”这里，即将成为村民生态文化广场。

蜕变看现在，未来更可期。

说到大通湖的将来，益阳市生态环境局局长梁成立、益阳市发改委副主任刘洪赛的描绘，如此让人心动：“当长江经济带成为一个国家的经济之脉，当洞庭湖环湖经济圈渐渐由蓝图化为现实，当大通湖湖水变清、成为‘水草之都’，以环湖休闲道与马拉松道为载体的沿湖风光带完成建设，大通湖，这个‘洞庭之心、水草之都’，这个承载着太多美好期望的三湘第一湖泊，向世界展示的，必是一幅更加让人惊艳的画卷！”

美丽的沿湖风光带

4

绿水青山的中国，变化的，又何止是大通湖？

初心一脉，长留天地。从韶峰的出发，到湘江的横渡；从陕北的星斗，到西柏坡的赶考……有人日夜牵念的，是人民的福祉；为之奋斗的，是山河的美丽。于是，便有了大通湖及所有山河的巨变，有了一个国度的“青绿”。

当“绿水青山就是金山银山”这一重要理念首次被提出，当“推动长江经济带发展必须从中华民族长远利益考虑，走生态优先、绿色发展之路”“要把修复长江生态环境摆在压倒性位置，共抓大保护，不搞大开发”成为推动长江经济带发展座谈会上的重槌之音，当“守护好一江碧水”的殷殷嘱托回荡在的耳际，湖湘儿女听到的感受到的，既是鞭策，也是鼓励。

旗帜引领三湘。当串起湖南 75% 的 GDP 的湘江，承纳全省 60% 以上的污染，上自郴州三十六湾，下到湘潭竹埠港，一路生态系统警钟响起；当洞庭湖作为长江之肾，多项生态环境问题被列入中央环保督察整改内容……严峻的形势下，三湘儿女痛定思痛，迎难而上，将“生态强省”列入“五个强省”战略目标，“在推动高质量发展上闯出新路子”，“在推动中部地区崛起和长江经济带发展中彰显新担当”，坚定地走上绿色发展之路。

“高污染、高能耗企业，关！”——湘江流域累计关停“散乱污”企业1563家、涉重金属污染企业1200多家。

“河道采砂，禁！”——湘江长株潭河段全面禁采，治理水土流失面积超 750 平方公里。

“湘江沿岸 500 米内畜禽养殖，退！”——超 2000 家规模畜禽养殖场退养，县级及以上城镇生活污水、垃圾收集处理设施全覆盖。

“竹埠港、清水塘、水口山、锡矿山、三十六湾，五大主要重金属污染区域，治！”……

长江经湘流域，“十年禁渔”雷霆万钧，精准识别核定渔民，推动渔民上岸转产安置。长江沿湘岸线 251 个砂石码头拆除复绿，近 1000 个入河排污口关闭，退还长江岸线 7.24 公里。洞庭湖区十大重点领域、九大重点片区整治全面推进：47 万亩矮围网围依法拆除，38.6 万亩欧美黑杨清除到位，纸浆生产企业全部关停，农业面源污染和生活污染有效控制，湿地功能逐步恢复，湖体总磷浓度较 2015 年下降 46.4%……

于是，三湘四水，又见天蓝、水清、地绿；芙蓉国里，再现“漫江碧透，百舸争流”之美。

2020 年，湖南省环境空气质量均值达到国家二级标准，国考断面水质优良率达到 93.3%，森林覆盖率、湿地保护率均居全国前列。

成绩令世人瞩目，但湖南并不因此而停歇让山更绿、让水更清的脚步，洞庭湖地区更起万里清波。两年之后，大湖之水碧波荡漾，新任湖南省主要领导再度来到洞庭湖地区，在此主持召开会议，研究部署洞庭湖生态疏浚系统治理工程建设。会议提出，“在确保洞庭湖丰水期水域面积2625平方公里不减少的基础上，力争到2025年，洞庭湖生态疏浚基础夯实，四口（长江4个入水口）和四水（湘、资、沅、澧）尾闾河道疏浚基本完成；在枯水期生态水面达到700平方公里、生态补水量18亿立方米。到2030年，全面完成洞庭湖生态疏浚，全面复苏河湖生态环境，在枯水期生态水面达到1000平方公里、生态补水量45亿立方米，全面实现绿色和谐、洪涝无虞、质优量足、循环高效的目标”。这是1860年长江大水形成长江四口分流分沙，洞庭湖（包括大通湖）逐渐淤积萎缩，面积大幅减少，调蓄、行洪、水源涵养功能持续弱化后，给有“长江之肾”之称的洞庭湖最大的革命性的生态复苏大手术。此后，东、南、西洞庭湖湿地连成一体，“天下洞庭”将再现其辽阔、宏伟和生生不息……

洞庭如此，全国的湖河何尝不是如此？

2022 年 3 月，生态环境部总工程师、水生态环境司司长张波接受《中国环境报》记者采访时说：“目前，我国水环境理化指标已经接近甚至是达到了中等发达国家水平。2021 年，全国水质优良（Ⅰ类—Ⅲ类）水体比例为 84.9%。2021 年长江流域水质优良国控断面比例为 97.1%，同比增加 1.2 个百分点；黄河干流全线达到Ⅲ类水质，其中Ⅱ类以上水质国控断面占比 90% 以上。295 个地级及以上城市（不含州、盟）建成区黑臭水体基本消除。光用于黑臭水体治理整治的直接投资约 1.5 万亿元。长江经济带工业园区污水处理设施整治专项行动中，1064 个工业园区全部建成污水集中处理设施，累计建成 6.62 万公里污水管网……”

张波说，鱼类和鸟类的回归，印证了我们这场碧水保卫战的成绩单。“南京大学环境规划设计研究院调查团队时隔20年，再次在江苏省宿迁市发现了3尾中华花鳅。中华花鳅喜欢栖息在水质澄清、河流缓慢段的底层，早前在苏南、苏北均有分布，是生态环境指示物种。然而，由于水环境污染，曾一度难觅其踪。据调查团队介绍，中华花鳅再次现身，印证了当地水生态环境日趋改善。2022年2月，14只有着‘鸟中大熊猫’之称的中华秋沙鸭在南洞庭湿地悠闲觅食。中华秋沙鸭对生活栖息环境要求极为苛刻，需要优质的水环境，是生态环境的重要指示物种。它们的频繁现身，成为近年来洞庭湖生态环境整治成效最直接的印证。”

美丽的是山河，不变的是初心，幸福的是百姓。

在水一方，我们与自然成为朋友。

这是大通湖 6 月的又一个清晨。东方一抹微白，浅月倒挂在鸡婆柳的枝间，欲落未落。12.4 万亩的大湖上，水汽还没散开，弥漫如一缕缕轻纱。湖边立着新荷，晶莹的露珠在荷叶上滚动。一切宁静而美好，潮湿而温暖。总是这么早，大东口村养虾大户李洪源就来到了自己的虾池，领着几位帮工起虾了。他们知道，这个时候，金盆镇龙虾交易中心已经热闹起来。

金盆镇龙虾交易中心由大通湖新宏特种水产养殖专业合作社经营，2019 年引进浙江嘉兴市四季水产食品有限公司入伙，双方签订既定吨数的供销协议。大通湖小龙虾从此不愁销路、供不应求，交易价格更为稳定，且普遍高出其他地方。由此，也吸引了周边南县、沅江、华容等地的虾农来此交易，曾创造出一天交易 20 多万斤虾的纪录。

李洪源长年在外打工，看到大通湖虾业饲养规范化、生态化后，回来承包了 260 亩虾池，每天能起虾 1500 斤。小龙虾壳红腹白、体型肥大、肉质饱满，烹饪上不断创新，蒜蓉虾、撩水虾、爆头虾……各种做法各出其味，一入夏，就是四方食客之最爱。李洪源的虾，不论大小，出手均价每斤 15 元，每天能卖两万多元。

"洪哥，今天的虾发哪里？"

"洪哥，给老弟留几个单！"

"洪哥，早酒给我留双筷子！"

……

李洪源虾大、虾多，卖得快，交易中心的人都认得他，只要他一进市场，送快递的、打零工的、装卸货的、开小酒馆的，都纷纷和他打招呼。李洪源一脸微笑，一边忙碌一边回应着他们。待虾子出手，他便进小店来杯小酒。来的都是客，只要进了这店的，不管认得不认得，都吵嚷嚷叫店主加碗加筷，都来喝一口。

感觉自己很幸福的，还有史少文。他家池塘里的水草越长越好，口袋里的收入也越来越多。

张铁柱感受到了幸福：“我从一个环保的损害者成了建设者。”

周海感受到了幸福。他今年稻虾套养的收入，能够抵平去年疫情带来的亏损。

胡安田是幸福的，因为大湖堤上，守护者增多了，捕捞者销声匿迹。

熊姣军是幸福的，因为国庆一到，宏硕农业的大闸蟹就可以上市了，稻虾田里的新米因为不用农药和化肥，价格高且抢手。

严智伟、刘嫒他们也是幸福的，因为大通湖给了他们最广阔的科研空间。

感受着幸福或者说幸福着的，还有张建清、韩敬德、李荣华这些中国最基层的村支部书记，因为，他们的村子在阵痛过后，正勃发着前所未有的生机……

文章华也是幸福的，他的幸福与其他人相比，有着更深刻的体会。这位农垦文化的研究者，比许多人更清楚，大通湖的这一场变革发生在一片什么样的土地上——

大通湖，千百年来，都是洲土大王的世界。“强管洲，霸管水。”民国初年的陈熙珊重金贿赂湘财、建两厅官员，获得管取洲土一万三千亩的产业执照，后掠夺扩张到近十万亩。当时的湖南省主席何键，也占着汉寿大连障的大部分洲土，后又在湘阴、沅江之间，霸占洲土两万多亩。国民党师长王育英在安乡霸占何家大垸。曾国藩女婿、衡山大地主聂缉椝也在沅江占有4万亩的和丰垸。其他权贵，无一不巧取豪夺，弱肉强食，占有大量洲土。他们或田垦或高价转卖，大发横财，又肆意堵塞河港，破坏水道，加速江湖的淤塞。

千百年来，大通湖只有打鱼人，只有砍芦苇客，只有农夫。到了今天，大通湖人才是这片土地的主人。

感觉幸福的，当然还有刘月华。

刘月华以前在长沙某医院从事护士工作，每月收入8000元左右。这两年，她看到大湖水环境治理初见成效，大通湖东岸旅游开发项目紧锣密鼓推进，便跟丈夫商量决定辞职，利用自家的老房子办起了民宿。民宿一开张，她打出“观大湖美景、品绿色农家乐”的宣传语，吸引了众多游客。“民宿去年接待游客3万多人次，总收入达60万元。今年大通湖东岸绿色长廊建好，特别是十里水乡花海带建成后，来这里的游客更多了。今年上半年已接待游客5万多人次，收入有70多万元。”

虽累也乐，越忙越乐。乐极了，看着一湖碧水的大湖，刘月华表达快乐的方式就是唱渔歌——

妹坐船头拿起针，要为情哥绣枕巾。

一绣湖边红日出，二绣龙船闹洞庭。

三绣堤边杨柳绿，四绣湖洲芦苇青。

五绣荷叶随风摆，六绣荷花满塘红。

后 记

人类社会的历史，从某种意义上说，就是一部水的历史。这既是因为水是生命之源，也因为人类足迹相当的里程，是水路。从《山海经》所述大禹治水，到秦蜀郡太守李冰留下的都江堰，以及始掘于春秋、完成于隋朝、繁荣于唐宋、取直于元代、疏通于明清的京杭大运河等，无一不表明，每一部历史长卷，都是湿漉漉的，都是由人类对水的围、堵、疏、导、利用或搏杀、轻视或敬畏，水对人类的爱、恨、离、合，对抗或一时的让步构成的。

长江南侧的洞庭湖，“洞庭之心”大通湖，也是这部长卷中湿漉的一章、一节，或者厚实的一笔。2021 年夏天相当长的一段时间，我们把自己交给大通湖。我们不止一次看旭日的光芒斜射到一汪平湖上，看晨雾如何水墨般在湖面的宣纸上浸染开来，也看落日怎样泼墨，先给我们一湖金色，再给我们一行又一行长着金色翅膀的飞鸟。沿湖的荷景更是入眼入心。它是长堤内厚度达数十米的一道绿环。绿环之中，田田如盖的荷叶之上，“生态优先、绿色发展”的巨幅标语高高挺立，在阳光下熠熠生辉。它们是千年大通湖的一道新风景，昭示着这是当下中国的大通湖——“绿水青山就是金山银山”正成为这个国度及这个时代的坚定理念。也总是在这样的时候，我们的思绪常常越过大通湖，越过洞庭，神游到大湖之外的长江、长江奔赴的大海，思考着人与水或者说人与天地自然间的种种……

于是，我们拜访大通湖的“老湖子”们，听他们讲大通湖的前世今生，去约见祖祖辈辈在这里靠水吃水如今离船上岸的渔民，聆听他们的不舍、伤痛及牺牲，去把酒相敬顶着烈日在大通湖上种植水草的武汉大学的教授和学生们，读他们心的鲜红、脸的黝黑……还有，访一访这些年来一心倾注在大通湖上的各级政府、各部门官员，坐进益阳市委常委办公室，听市委书记话说“益山益水·益美益阳”。我们一直认为，优秀的生态文学，不是对自然的表层临摹，而是人与自然的“相看两不厌”，是人与自然的深度对话。因此，我们不仅要写大通湖的水，我们更要通过一个个故事，向大通湖传递我们的觉醒、悔痛、友好及真诚。我们也同时告诫自己：我们“治”不了自然，我们只有理顺与自然的关系，清楚自己站的位置，才能拥有自己的幸福生活。

是的，得弄明白自己应当站在哪里。33年前，普利策奖得主、非虚构写作大师约翰·麦克菲在《控制自然》一书中振聋发聩地提醒人类并发出质问：“抢夺？改造？征服？利用？还是——控制？人和自然的关系，从来没有这样简单。面对洪水、火山、泥石流，我们站在哪里？”对此，人们没有特别在意。当卡特里娜飓风席卷新奥尔良，人们才发现麦克菲的远见与尖锐。“明白自己站在哪里”，并不是件容易的事。青山湖垸是沅水洪道的一个江心洲垸，1995年到1998年4年中三次溃决。遭洪水的还击后，人们才惊醒过来：垸内一万多亩耕地一年的纯收入才30万元，而花在堵口复堤、抗洪上的费用就得上百万元，明显得不偿失，才明白“人不给水出路，水就不给人活路”的道理，遂“平垸行洪，退田还湖”。

也因为不明白“应当站在哪里”，大通湖人经受过同样的痛。所幸的是，在残酷的现实面前，大湖的儿女在“绿水青山就是金山银山”重要理论的指引下，以从上到下、不分昼夜的努力，寻找到自己的位置，重新与大湖融为一体，在和谐融洽的相处中分享幸福，享受安宁。

感谢时代的赐福，感谢所有热爱自然的人。未及之处，请水来补充。

是为后记。

2021年10月初稿

2022年6月二稿

图书在版编目（CIP）数据

洞庭之心：大通湖水环境修复报告/高汉武著. —长沙：湖南人民出版社，2022.9

ISBN 978-7-5561-3047-4

Ⅰ. ①洞… Ⅱ. ①高… Ⅲ. ①湖泊—水环境—生态恢复—研究报告—益阳 Ⅳ. ①X524

中国版本图书馆CIP数据核字（2021）第161210号

DONGTING ZHI XIN——DATONGHU SHUIHUANJING XIUFU BAOGAO

洞庭之心——大通湖水环境修复报告

著　　者　高汉武
责任编辑　杨　纯　曹晓彤
装帧设计　杨发凯　陈艳玲
责任印制　肖　晖
责任校对　谢　喆

出版发行　湖南人民出版社［http://www.hnppp.com］
地　　址　长沙市营盘东路3号
邮　　编　410005
经　　销　湖南省新华书店

印　　刷　湖南省汇昌印务有限公司
版　　次　2022年9月第1版
印　　次　2022年9月第1次印刷
开　　本　710 mm×1000 mm　1/16
印　　张　10.5
字　　数　105千字
书　　号　ISBN 978-7-5561-3047-4
定　　价　35.00元

营销电话：0731-82221529（如发现印装质量问题请与出版社调换）